鎮守の森の過去・現在・未来

そこが知りたい社叢学

鹿児島・蒲生八幡神社の社殿前にある大楠。昭和 63 年度に環境庁が実施した巨樹巨木調査で日本一の巨樹とされ、国の特別天然記念物に指定された。創建当時から御神木であったとの伝承があり、屋久島の「ウィルソン株」に名を残すイギリス人の植物学者 E・H・ウィルソンが大正 3 年（1914）に訪れ、写真を残している。自然を畏む日本人の価値観と祈りが残した御神樹であり、居住域にこのような巨木が存在することにウィルソンも驚いたに違いない。（賀来理事撮影）

埼玉・秩父市の秩父神社の「鎮守の森」（12 頁掲載、「神社のたたずまい」より）㊤、栃木・日光市の日光東照宮「杉並木」（50 頁掲載、「身近な森とむすぶ実践の学び」より）㊦

高知・長岡郡大豊町の八坂神社「杉の大杉（夫婦杉）」（58 頁掲載、
「神木・名木　その保護の問題点」より）

京都・京都市伏見区の伏見稲荷大社に生育する「高木のイチイガシ」（99 頁掲載、「森は動く」より）

千葉・印西市の松虫寺・松虫姫神社の門前にある「スダジイの大木」（90 頁掲載、「生物多様性保全と社叢」より）㊤、奈良・高市郡明日香村の飛鳥坐神社「森と集落」（123 頁掲載、「鎮守の森と古形の祭」より）㊦

福岡・福岡市東区の志賀海神社で執りおこなわれる「山ほめ祭」（127 頁掲載、「なぜ山を誉める神事があるのか」より）㊤、鹿児島・指宿市の「上西園のモイドン」（147 頁掲載、「地域の拠り所としての民間信仰の場」より）㊦

宮城・亘理郡山元町、八重垣神社社殿（183 頁掲載、「女性宮司の社叢再生の足跡」より）

八重垣神社の祭事（天王まつり）7月下旬の祭りで、担ぎ手は海の中まで力強く練り歩く（184 頁掲載）㊤、同神社の藤波祥子宮司㊨

まえがき

日本古典を代表する作品の一つ『万葉集』に、「神社」と書き表して「ジンジャ」ではなく「モリ」と訓む珍しい例があります。巻七の「譬喩歌」として題詞（タイトル）に「神に寄す」とある二首中の一首もそれで、「木綿（ゆふ）懸けて斎（い）むこの神社も越えぬべく思ほゆるかも恋の繁きに」（一三七八番）と、激しい恋情が詠まれている場面での登場です。これについて民俗学者であり歌人の折口信夫（釈迢空）は、次のような口訳を試みています（『折口信夫全集』第四巻『口訳萬葉集』、中央公論社）。

　榊に木綿をかけて、斎み清めて祀る社の杜に近づかれぬ様に、我々が手出しも出来ぬ様になつてゐる制限さへ、乗り越えてしまひさうに思はれる。あまりに恋ひの激しさに。

さらに、『万葉集』に登場する「杜」はすべて「神の在処と言ふ意を外した森はない」（『同全集』第六巻『万葉集辞典』）と説かれており、こうした神聖な空間の表現意識は、現在の私たちが、お社（やしろ）のある杜（もり）を「鎮守の森」と言い慣わしていることとつながっていましょう。神々の森は、日本各地に見られ、また多様な呼び方がなされています。さらに神社だけに限られず、お寺やお堂、あるいは里山の内にも特別な森があったり、町中でも街路を遮るように注連縄を廻らせた神木が、かつての森の姿を留めていたりします。こうした多様な森を「社叢」として捉え、聖なる森の歴史や文化の理解を深め、科学的な知見を用いてそれを見守り、社叢の破壊をとどめて緑の回復を目指し、持続可能な社会の核として果たす役割や意義を発掘していただくために本書をお送りすることとしました。

本書の内容は、「社叢と神社が果たす役割」「社叢をどのように保全するか」「社叢と人のつながり」「都市における社叢の機能」「災害で社叢が果たした役割」の五つの柱から構成され、それぞれに興味深い話題が収まっています。執筆は社叢学会のメンバーで、実践活動の大切さをはじめ、社叢が抱えている現代的課題、地球環境保全への寄与など最新の情報も含め、専門的な観点からさまざまなトピックスを取り上げ、分かりやすく語られています。

ところで、歩きなれた道、見慣れた町や村の光景であっても、よく〳〵目を凝らしてみると、季節ごとに、あるいは刻々と木々がその顔の表情を変え、思いがけないところに花や実をつけ、鳥や生き物がそれらと共に生きている姿に出会うことはないでしょうか。また、イチョウ並木、土手の柳、浜辺の松、整然と立ちならぶ杉・檜の美林、巨樹・古木に心惹かれることもありましょう。その時にそれぞれの名前や特徴を知り、それらが私たちの生活とどのようにかかわりあっているかを尋ねてみたくはありませんか。自然の存在と人の営みをコンパクトな世界で体験し、心に触れる大切な価値を発見できる場として、鎮守の杜、社叢は魅力ある場所ではないでしょうか。

かつて兼好法師は、仁和寺の和尚の石清水八幡宮への参詣に関して「すこしのことにも、先達はあらまほしき事なり」（わずかなことでも案内者はほしいものです）と指摘しました（『徒然草』五十二段）。社業を楽しまれる皆さんにとって、本書が、姉妹編ともいうべき『身近な森の歩き方―鎮守の森探訪ガイド―』（平成十五年、文英堂）とともにお師匠さんの務めを果たすことができればと願うところです。

本書の刊行にあたり多大の御高配をいただいた神社新報社に厚く御礼を申し上げます。

令和五年一月二十三日

社業学会理事長　櫻井　治男

もくじ

Ⅲ　社叢と人のつながり

Ⅳ　都市における社叢の機能

Ⅴ　災害で社叢が果たした役割

社叢と神社が果たす役割

神社のたたずまい

ＮＰＯ法人 社叢学会 名誉顧問
秩父神社宮司・京都大学名誉教授

薗田 稔

令和三年の七月に九十三歳で亡くなられたが、本学会顧問を務めていただいた生態学者で、とくに鎮守の森の天然植生を活用して国内各地の緑化に貢献された宮脇昭先生が、かつて昭和四十五年に神奈川県の委嘱で調査された結果によると、戦争が終わるまで同県内に三千二百五十カ所ほどあったはずの鎮守の森が、その当時わずか四十二カ所に減っていたとのことであった。いわゆる高度成長期の真っ只中で、とくに工業化の先端を進んだ神奈川県でこその悲惨な荒廃ぶりだが、わが埼玉県でも御多分に漏れず、なかでも東京のベッド・タウン化で激しい住宅開発の波に洗われ、かつての武蔵野の豊かな風物が相当に失われたことも確かである。当時の日本人の常識では、国木田独歩が称揚した武蔵野の風物など何の役にも立たず、鎮守の森や雑木林は開発の障害であり、無用の長物でしかなかった。とりわけ街なかの境内など、道路の拡幅や駐車場の用地に格好な空き地とみなされ、神苑の樹叢がいとも簡単に伐り倒される例が、県内各地で生じたものであった。

近代化による波にのまれて

では、当時の我々神職や総代たちは、この事態にどう対処してきたのだろうか。果たして戦後のこうした無秩序の開発ブームを押し止めるほどの敢然たる姿勢を示してきただろうか。むろん神職が先に立って鎮守の森を破壊した例はないに違いないが、地元氏子や住民たちを説得してでも社叢を守りぬくほどの信念を、もち合わせた同志が何ほどかいたであろうか。まことに残念ながら、我々神職や総代は、当時神社の存続自体を死守するのが精一杯で、境内の森を守ることなど二の次であったのではないか。

少なくとも、神社のあり方に森が不可欠だという自覚や信念が、神道教学のかたちで神道人のあいだに決定的に欠けていたと、反省せざるを得ない。鎮守の森を守るのが当たり前の時代には無言で守るのが神主のつとめでよいのだが、無言では済まされなくなった変化の時代に、肝心の言葉で自他ともにその神社ならではの重い意義を語りだせなかったのである。

もちろん当時でも傑出した先輩たちもいて、神域の風致を台無しにしかねない新幹線の路線計画に、「線路に枕して轢死してでも神社を守りぬく」と体を張って抵抗し計画を変更させたという大宮司もいれば、地元氏子たちの猛反発のおかげで高速道路の貫通をまぬがれた大社もある。だが、いまでも年間多数におよぶ境内地籍変更願いの中には、全国や県内の多くの神社が戦後七十余年のあいだに、多かれ少なかれ「公共の利益」なる説得や強要に屈し有効な反論も叶わずに、あたら百年千年の森や神木を犠牲にしてきた例も含まれている。首尾のいずれにせよ、遠い昔から先祖たちが当然のこととして大切にしてきた鎮守の森を、それでは何故当然なのかと自らに問いなおす間もなく、近代化による文明開発に足を掬われてしまったというのが、口惜しいが本当のところであろう。

犠牲になる森　多くの原因が

だが、こうした事態を招いたのは決して近代の神職や総代たちの責任だとは必ずしも言えない。むしろ幕末以来の廃仏毀釈や強引な神社整理政策にも一因があり、それ以前も江戸時代特有の実利主義からくる世俗化の動向もあり、なによりも古代から始まった神社の社殿化による、その本質の不分明化にその遠因があると言っても過言ではあるまいと思う。

神社の社(やしろ)が、もと「屋代」すなわち社殿のない聖地であったことは多言を要しまい。しかも漢字の「社」が古代中国では「土の神」であり、わが国では「杜」の文字も神の鎮まる森の意味に変えて借用したように、「神社」は本来、神の森そのものを指した。

神(カミ)の語源も、上代特殊仮名遣いでミが乙類であるところから、カムにイ音が付いてカミになる以前にクム(隠れる)やクマ(隈)が語源であり、要するに水源の深い森や山峡に潜む隠れた霊性であることがほぼ明らかになった。漢字を文字に借りる頃の古代日本人がカミと言えば、それは豊かで清らかな自然の風物に宿り坐す命の霊格であって、インドや中国の神々のような動物や人間の姿など、けっして偶像に現れぬ霊そのものであった。

ところが、道教の神像や仏教の仏像が伝来した影響で、日本の神々も神像や神体を造形されるようになり、また寺院や宮殿建築の影響で神社に社殿を建てるようになって、カミも御神体に比定される代わりに内陣深く鎮座し、やはり姿を見せぬ形式だけは守られてきた。仏教も日本化して仏像も秘仏化したのは、ホトケもカミになったからこそである。

しかし、そのおかげで本来カミの依代であった神社の森や樹木の神聖さが薄れがちになったことも否めない傾向であった。それでも他教の寺院・道場や教会のように、建物だけを壮大にするのではなく、森に隠れるように社殿を建てる神社のたたずまいは当然のように古来守られてきたのだが、ただ森本来のヤシロそのものの信仰が薄れてしまった。

また、そのために重大な結果としては、神社というものの常識が社殿をもつ里宮だけに限定されてしまって、ヤシロの延長上にあってさらにその奥の自然風水に神鎮まり坐すという畏敬の広がりを、ともすると忘却してしまいがちに立ち至ったことがある。その不幸な事例として敢えて紹介する筆者奉仕の埼玉・秩父神社の場合、地元盆地に屹立する武甲山（標高千三百四メートル）が明らかに古来その奥宮を成す神体山のはずでありながら、中世以来に確かな祭祀関係を結ぶ間もなく近世を経て近代を迎えたなかで、ついには大正十四年（一九二五）から始まるセメント企業など大規模な石灰岩採掘の鉱山と化してしまい、現今ではその山容をいかに修復するかに取り組んでいるところである。それでも今なお、日本の各地に健在である河川水系ごとの神社祭祀や山岳信仰はその名残りでもあるが、そうしたヤシロ意識の薄れた近世以降の神社創建には、もっぱら社殿の造営に関心が寄せられたのも歴史のなせる業というほかはあるまい。

埼玉・秩父神社㊤とその鎮守の森㊥。石灰岩採掘の鉱山と化した武甲山㊦

鎮守の森守る本来の理由を

ともかく神社の木は伐ってはならぬ、という本来の理由が、残念ながら近世の神道家や国学者の神学や教学の形に十分昇華されておらず、むしろ儒学者や洋学者たちの実学経世論から成る経済至上主義が都鄙に隈なく普及して、鎮守の森さえも木材資源に活用する風潮が支配するようになった。神社の境内林にも木材価値の高いスギ・ヒノキばかりを植えて、生長すれば伐採して社殿改築の材料や費用に充てることを、むしろ当然とするようになった。

鎮守の森であれば、神の鎮まる禁足地、千古斧入あらざる杜という観念が薄れて、ただ神社の風致林としか認識しないようになって久しいのであった。

地球温暖化をもたらす生態環境の破壊が世界的な課題となった現在、あらためて森林の保全や再生に真剣に取り組むようになって、こうした神社のたたずまいがにわかに世界の注目を浴びるようになった。先に紹介した宮脇昭先生も、国内や海外の森林を再生するのに永年の研究の結果、その土地の風土に最も適した樹種の配合を見つけるには日本での鎮守の森こそが決め手であることに気づかれて、近年は「鎮守の森を地球の森に」をモットーに国内ばかりか世界各地の森づくりに実績を遺された。

神社のたたずまいは、古来の風水への畏敬を守るからこそ真に現代的なのである。

歴史に見る社叢の伝播

NPO法人 社叢学会 理事
名古屋市立大学名誉教授

岡村 穣

弥生時代中期以降の遺跡から発見された祭殿と思われる高床式建築群は社叢を伴わない。古墳時代に古墳の周りに柱を立てた記録はあるが、樹々で囲った記録はない。『日本書紀』（養老四年〈七二〇〉）に、神道の語彙が仏法の対句として初見されており、神道に関する偶像や建物は仏教伝来以後である。しかし、「大宝律令」の注釈書「古記」（天平十年〈七三八〉）には、社叢を伴う社殿が「国家の法を告げ知らしむ」場として利用されている。

壬申の乱（天武天皇元年〈六七二〉）の大海人皇子陣営に加わったのは、大豪族では大伴氏のみで、三輪・鴨・太など大和の中小豪族、一部の渡来系氏族のほかは、東国の豪族たちであった。近江朝廷を制圧した大海人皇子は、右大臣・中臣金ら八人を斬刑、左大臣・蘇我赤兄、御史大夫・巨勢比等らを流刑にして、伝統的な朝廷の合議体制から解放された。大豪族の権威と権力が失墜し、律令国家を支える本格的な古代官僚制が始まったのである。

大宝律令施行の翌年（大宝二年〈七〇二〉）に久しぶりに遣唐使が派遣され（大宝の遣唐使）、

倭国ではなく日本（ＪＩＰＯＮ）と称した。日本最古の漢詩集『懐風藻』(天平勝宝三年〈七五一〉)に、大宝の遣唐使の留学僧・弁正が、唐の玄宗皇帝（在位七一二～七五六年）の皇太子時代に囲碁を通して顔見知りになったと記されている。

後に、玄宗皇帝が日本に道教の国教化を迫った際に退けたとされているが、神道の系譜を記した『古事記』(和銅五年〈七一二〉)と玄宗皇帝即位が同年なのは、偶然の一致ではないと思われる。七一〇年代から七二〇年代にかけて、朝鮮半島経由の古い中国風から、留学生らがもたらした新しい中国風への転換が起きた。

古代エジプト・ギリシャの社叢

エジプト文明は、神格化した人間の支配者が莫大な富と絶対的な権力を独占した最初の文明。古王国（紀元前三一〇〇～紀元前二二〇〇年頃）では、現人神ファラオの死後の住処であるオシリス神の塚を、エジプトイチジクの木立で囲って日光を遮っていたという記録があり、聖域

天武天皇悠紀斎田の直会開催地

内には池と木立があった。新王国時代（紀元前一五五〇年頃）になると聖域には池・木立・神の家及び倉庫群が揃うようになった。

ギリシャでは、粘土板に書かれた線文字Bの解読が進むにつれて、紀元前二千年紀のミケーネ文明はすでにギリシャ的多神教の世界であり、多様な神々には男性の祭司と女性の巫女が仕えていたことが判明している。古代ギリシャの神々は当初、植物や動物を含む自然物で象徴されていたが、後に人間の形になって、神々が住む神殿が造られた。

ホメロスの詩の中では、樹木や茂みは神を象徴している。社叢は、エジプトの宗教的な聖域に由来し、神を伴う木立は境界を示す石柵で囲われていた。紀元前五世紀頃には、祭儀に生贄の動物が捧げられ、聖域に住む独身の神官あるいは巫女が祭儀を執行した。ヘロドトスの『歴史』（紀元前四四三年）は、ギリシャ人が手仕事を不名誉だと考えるのはエジプト人の真似だと記している。

アレキサンダー大王（紀元前三五六～三二三年）の遠征後、戦争の分野では唯一の人間によっ

デンテラのハトホル神殿境内の聖池。（I. SHAW）

古代エジプトの聖池、『大英博物館古代エジプト百科事典』原書房、平成９年より

て統率されたプロ集団である傭兵軍の方が民主主義より効率的であることから、封建君主制都市国家が普及。アジアにギリシャ住民が住む多くの都市が創建され、防衛上街区は碁盤目状に配置され、主に放牧地を支配し家畜を貸与して暮らした。

紀元前二世紀末のコロペイア規定書には、聖域を自然の状態に保つために、樹木の伐採や家畜の飼育を禁じている。また、抽象観念を人格化して親しみやすくしたり、言葉が霊を呼び出す力を持つという観念が普及したり、家の入口や室内に福を招くお札や厄除けの印を付けたりしたほか、小さな人形に針・釘を打ちこむ呪いや呪いの鉛札も多用された。霊廟には、都市国家の創建者も祀られた。

古代インドの社叢

大王の死後、マウリヤ朝のアショーカ王は、ギリシャ系諸王朝に数百頭に及ぶ戦闘象を提供し、仏塔の周りに菩提樹を植える等、ヘレニズム文化と深い関わりを持っていた。一方、古代インドでは、民間の樹霊信仰があり、「チャイトヤ」と呼ぶ樹霊が宿る社叢は、鬼神が棲む畏怖すべき場所でもあり、災厄を忌避し福利を祈願していた。現在のインドでは、一万三千七百二十カ所の社叢が確認され、主に村落共同体が管理・利用している。

中国仏教の社叢

中国・南北朝時代（四二〇～五八九年）に、貴族を対象に、伝統概念を用いて教義を改変した仏教の中国化が始まった。北魏仏教は初期から国家宗教として、帝室の威信を誇示する意味が大きかった。『洛陽伽藍記』(五四七年）には、樹林で囲われた仏教伽藍は、鎮護国家寺院や貴族の氏寺にはなく、インドの祇園精舎や竹林精舎に由来する禅院、大乗仏教福田経の功徳として果樹などを植えた寺院の記述が認められる。

北魏・隋・唐ではシャマニズム社叢

中国・戦国時代（紀元前四〇三～二二一年）末に、匈奴が突如として好戦的な騎馬民族に一変した。南北朝時代（五～六世紀）の匈奴の人種的特徴は深目・高鼻・多髭・碧眼・緑目であり、社会組織は部族制・軍隊組織は封建的であった。匈奴・鮮卑など北アジア遊牧民は共通のシャマニズム的世界観を持っており、春と秋に全部族民が集まって、天・地・鬼・伝説的祖先・兵器としての剣などを祭祀した。剣の鞘には共通してギリシャ的意匠があった。

鮮卑は南下して北魏となった後も、樺林に囲われた祖先の墓所を部族の発祥地として、大臣を派遣して崇拝し祭祀をおこなっている。北魏の道武帝が平城に遷都（三九八年）した際に西域の影響を受けた碁盤目状都市を建設して、シルクロードを平城に延長し大いに繁栄させた。

また、北辺に鎮を置き鮮卑貴族に守らせた。孝文帝の洛陽遷都（四九四年）の際に漢化政策に反発した六鎮の中の武川鎮の有力貴族から、隋の文帝と唐の高祖が出ている。遣隋使や遣唐使は新しい中国風の何を学んだのか？

おわりに

道教寺院と仏教寺院を同等に並べて併置した中国・長安の都市計画を真似たはずの奈良・平城京内には神社がなかった。八世紀半ばに多発した災害・疾病・政争に伴う社会不安の下、東大寺を造営する際に宇佐の八幡神を勧進して、鎮守社として手向山八幡宮が造営されている。ギリシャや中国の例に倣えば、宇佐八幡宮はわが国の伝説的創建者を祀るのではないかと考えられる。

中山間地における神社の現状と課題

NPO法人 社叢学会 理事
千葉大学大学院客員教授

賀来 宏和

私が延喜式内社の参拝を思い立ったのは、一之宮の巡拝がきっかけでした。一之宮といえば、神職が常にいらっしゃる神社とばかり思っていましたが、さにあらず。御朱印を求めて宮司さまの御自宅を訪ねることもたびたびありました。然らばもう少し範囲を広げ、一つの目標を定めて、全国の鎮守の森を訪ねてみようとした試みが、式内社参拝の始まりです。

式内社については、式内社研究会が編纂し、昭和五十一年から平成七年にかけて刊行された『式内社調査報告』(皇學館大学出版部)全二十五巻など諸文献がありますが、同報告に記載された比定社もしくは論社、また何らかの考証の対象となった神社は、旧社地で石碑や小祠が存在する箇所もそれぞれ一社として計算した上で、判明しているものは四千四百社強に上ります。また同報告には記載がないものの由緒などにより式内社として参考にすべき神社が四百五十社ほど挙げられますので、これらを足すと凡そ四千八百五十社弱。これらのうち、令和三年末までに四千七百社弱を訪ねてまいりました。

この他にも近在の神社や国史見在社などの古社、東日本大震災で被災した神社なども回ってまいりましたので、五千社を超える鎮守の森を拝観してきたことになるでしょう。

歴史を有す式内社　多くは中山間地に

創祀の時代の官衙や港、街道の結節点などの集落がある都市域から、田畑の開墾に伴って人々が暮らしを営んだ集落地や神々の領域である山々との境界、水源地や河川の合流地点など水文上の重要な場所、さらには神々の鎮まる神奈備山など、河川の流域に沿って下流から上流まで鎮座地が分布する式内社。人々の信仰上の利便性や自然災害、戦災による遷座事例は相当数あり、神奈備山などから居住域に遷座して里宮化された神社も数多くみられます。中世から江戸期にかけてのこうした遷座がなければ、これほど多くのお社を訪ねることはできなかったかもしれません。

そのような遷座があるにせよ、式内社の多くが現在でも中山間地と呼ばれる場所に数多く鎮座していることは間違いないことです。伝承を含めた長い歴史を有するこれらの神社の存続は、大きな課題であると実感しています。『式内社調査報告』の発刊後に廃絶もしくは合祀されたお社、比定された場所に鎮座するものの、それを支える集落地に廃屋が見られ限界集落となっている場所のお社、すでに祭祀が途絶えているお社などもあります。

不思議な縁に恵まれるもので、場所が発見できずに戸惑っていると総代さんに偶然遭遇し、藪漕ぎをして御案内いただき、また、地図を書いてもらってようやく参拝できたことも何度かありました。また携帯の電波が途切れて電子地図が使えず、電波の入る場所まで降りて位置を再確認して探した思い出も。さらには、位置が判明しても竹藪で参道を上がることができず、祭礼時期を調べ直して複数回でようやく到達できたお社などもあり、巡拝にはそれなりの労力が必要でした。偶然にもヘルメットを被っていて倒木の難を逃れた登拝、あまつさえ、鹿のくくり罠に引っかかるなどの失敗談も数多くありました。

記録保存が重要に　信仰の歴史を守る

式内社は、『式内社調査報告』の冒頭で研究会会長の瀧川政次郎先生が述べられているように、わが国の歴史の成り立ちそのものを語る民族的な遺産であり、わが国固有の信仰の語り部です。ここ数十年の人口・経済・産業などの大都市一極集中の中で、こうした数千年来の歴史をどのように継承していくのかが大きな課題となっています。

私が実際に巡った体感や鎮座地の集落でお会いした地元の皆さんとの会話で、いくつか思いつくことがありますので、まとめておきたいと思います。

第一点は、旧社地の重要性です。当該社の現在の神職にお聞きしても、すでに旧社地が不明なお社があります。遷座の歴史がある場合、遡れば遡るほど元々の場所性にこそ聖なる霊性があり、神社の創祀につながったような気がします。

滋賀県高島市マキノ町・大前神社旧社地

西洋では街の形成にあたって、その中心に広場と教会を立地させることが原則のように思われます。これに対して霊性の籠る自然の場所性こそわが国古来の信仰の原点であり、西洋の信仰との大きな違いではないかと感じます。また、旧社地を含めて神社には災害の記録が残されていることもあり、この意味では、旧社地の地名の古称を含めて、その場所を明らかにしておく必要があると思います。

第二点は、勧請やその後の信仰の歴史の記録と、やむを得ず移座が必要な場合の然るべき合祀です。今後、中山間地ではますます人口減少が進み、支えることのできない神社も増えるものと思われます。それまでの信仰や遷座・合祀などの由緒を、人々の営みの歴史とあわせ記録保存するとともに、旧社地などはできるだけ鎮守の森として保全し、石碑等の明確な指標を設置して、今後も到達性の確保を図りたいものです。

記録という意味では、各都道府県の神社誌の再編纂も重要な課題と考えます。その場合にはできるだけ旧社地並びに合祀社の記録を旧鎮座地も含めて残してもらいたいものです。また、式内社等の古社のなかには現在、宗教法人化されていない神社もあり、古い由緒を有する場合は可能な限り神社誌にも収載しておくべきと考えます。

第三点は、境内の維持に係る神社信仰成立の原点への回帰です。式内社を巡ると社殿一つをとっても実に多様性があります。現在でも、祭壇のみで社殿を有しない古来の信仰そのままを現在に伝える神社や、本殿はなく拝殿から磐座や御神石を拝礼するお社、さらには、社殿は石祠のみでありながらその御神前で祭祀が続けられている式内社もあります。

一方、人口減少の続く地区では社殿の維持に頭を悩ませています。とある式内社でお会いした同様の悩みを抱える氏子総代の方に、このような全国の式内社の多様な境内と社殿の形態をお話すると、とても興味をお持ちの様子でした。

本書の八頁に掲載の「神社のたたずまい」で、薗田稔先生が、神の語源について、「水源の深い森や山峡に潜む隠れた霊性であることがほぼ明らかになった」と記述されているように、こうした人口減少に悩む中山間地では、社殿と鎮守の森の関係性や祭祀のあり方を今一度考え直してみることも必要なのではないかと思います。

式内社を守るべく期待される再調査

一之宮巡拝から思い立ち、多くの式内社を回ってきた感想ですが、わが国の経済が最高潮のあの時期に『式内社調査報告』を構想され、刊行されたことに敬意を表するとともに感謝します。その後、前述のように大都市一極集中は一層進み、一部の式内社は風前の灯。元よりそのような社会動向の是正こそが本来求められ、人々の営みが全国津々浦々に継承されることがあるべき姿と考えますが、その後の時代の変遷を踏まえて、『式内社調査報告』の増補改訂や国史見在社を含めた調査報告などを期待したいところです。

「海の鎮守の森」構想

NPO法人 社叢学会 副理事長
宗像大社宮司

葦津 敬之

宗像国際環境会議

宗像では八年前（平成二十六年）に宗像国際環境会議を設立し、海水温度の上昇による磯焼け、漂着ゴミを中心とした海の再生事業、「海の鎮守の森」構想を掲げて、今年で九年目を迎える。

北部九州の玄界灘は、荒々しい海として知られているが、それは水深が六十メートル以内と浅いため、高波が立ちやすいとされているからである。また、浅い海は温暖化の影響を受けやすく、海水温度が上昇しやすいという問題も孕んでいる。

磯焼けや藻場の減少は、海水温度の上昇などが生態系に大きく影響しているとされているが、宗像の沖ノ島においてもその現象は著しく、かつて水面から顔を出していた海藻はすべてなくなり、今では上から海底が見える状態になっている。海底には珊瑚礁が広がり、南方の海に棲む熱帯のクマノミも生息している。一見、色鮮やかな珊瑚礁だが、海水温度がさらに上昇すると、珊瑚の白化現象が進み、生物が生きていけない死の海になるとされている。

世界最大の珊瑚礁地帯、オーストラリアの世界遺産「グレートバリアリーフ」では、この白化現象が進み「危機遺産」になるのではないかといわれている。危機遺産とは、武力紛争、自然災害、開発などでその価値を損なう状態になったものだが、近年では自然環境の悪化によるものが増えているという。

海水温度の上昇と線状降水帯

平成二十六年三月、宗像国際環境会議の育成プログラムにおいて、ＩＰＣＣ（気候変動に関する政府間パネル）のラジェンドラ・パチャウリ議長を特別講師に迎え、温暖化の影響とそのプロセスを話していただいたが、「地球はある沸点に達すると、劇的な変化を引き起こす」という言葉が今も脳裏から離れない。ＩＰＣＣとは、国際的な専門家の政府間機構、学術的な機関であり、科学的知見の評価を提供している組織である。パチャウリ議長は、その後、総理大臣官邸にて安倍晋三総理とも面談されている。

ここ数年、毎年のように九州を襲う「線状降水帯」は、ＩＰＣＣが指摘してきた温暖化現象の一つであるが、狭い特定の地域に集中的に降りそそぐ豪雨は、観測史上の記録を塗り替え続けている。線状降水帯は、大量の雨雲が停滞するため、社会インフラを破壊し、街の姿を一変

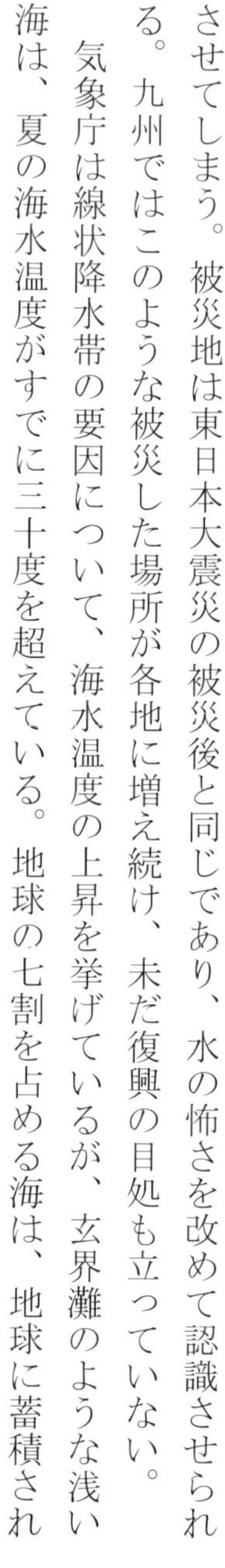

させてしまう。被災地は東日本大震災の被災後と同じであり、水の怖さを改めて認識させられる。九州ではこのような被災した場所が各地に増え続け、未だ復興の目処も立っていない。
　気象庁は線状降水帯の要因について、海水温度の上昇を挙げているが、玄界灘のような浅い海は、夏の海水温度がすでに三十度を超えている。地球の七割を占める海は、地球に蓄積され

た熱エネルギーの九割以上を吸収しているとされているが、一旦上昇した海水温度は下がりにくいといわれている。

宗像に赴任するまで、私は森を中心とした環境問題に関わってきたが、今日の海の変化を目のあたりにすると、海が抱えている問題はかなり深刻だと感じる。地球の七割が海であることを考えあわせると、海の環境問題は待ったなしの状況ではないだろうか。

海洋ゴミは今や国際問題になっているが、線状降水帯によって川から海になだれ込むゴミ問題も深刻である。海はさまざまなモノを分解する能力を備えているが、水害によって自然界にないものが大量に海に放出され続ければ、それも限界を迎えることとなる。海底に沈んでいく大量の自動車や家電ゴミなどは、これから大きな問題になっていくだろう。

宗教と環境問題

日本では戦後の厳格な政教分離により、宗教そのものが社会から除外される傾向にあるが、海外においては宗教的な価値観は避けて通れないため、環境問題においても宗教者の意見が聴取されている。

令和三年、菅義偉総理の「二〇三〇年度の温室効果ガスの削減目標を二〇一三年度比四六パーセント減とする」という発言は、「パリ協定」が採択された平成二十七年（二〇一五）の第二十一回国連気候変動枠組条約締約国会議（ＣＯＰ21）の合意に基づくものであるが、フランスのオランド大統領はこの会議に先立ち、世界の宗教者を集めて、それぞれの意見を聴取している。私もここに招聘されたが、バランスよく世界の宗教者が集められていた。

これは一つの兆しではあるが、近年、環境問題を探求する中で、民族宗教の根底にある自然観、自然との関わり方に関心が高まっている。教義や経典のある宗教は価値観を共有することが難しいが、それ以前の原始宗教の自然観については、人々の琴線に触れるようである。

宗像大社は平成二十九年に世界文化遺産に登録されたが、それまでの道のりは決して平坦なものではなかった。世界遺産には一次、二次のような審査があり、一次審査ではほぼ絶望的な結果であったが、この状態から抜け出すため外務省と綿密な戦略が練られ、三つのキーワードが示された。それが「スピリチュアル（Spiritual）」「エコロジー（Ecology）」「アニミズム（Animism）」。頭文字が「ＳＥＡ」になったのは偶然ではあるが、神道の自然観が世界遺産登録の要因となり、二十一カ国の委員国で構成される「世界遺産委員会」の各国の大使たちからも、よく理解できたとの声が上がり、世界文化遺産に登録されることとなった。

世界遺産は令和三年八月現在で、千百五十四件（文化遺産八百九十七件、自然遺産二百十八件、複合遺産三十九件）あるが、構成資産の周辺環境の改善、宗像であれば海の環境改善に取り組んでいる例はほとんどなかったため、そのことも大きな評価に繋がったようである。神道の自然観からすれば当然のことではあるが、多くの世界遺産は手の施しようがなく、現在、危機遺産は五十二件（文化遺産三十六件、自然遺産十六件）。その多くは内戦などの政治的な問題ではあるものの、周辺の環境変化によるものも複数含まれている。

宗像国際環境会議では、ここ数年「常若」を主題に議論がなされている。近頃、ＳＤＧｓ(Sustainable Development Goals　持続可能な開発目標）という言葉をよく目にするが、この会議では「持続可能」を「常若」に読み替え、持続、継続のための考え方や仕組みづくりが探求されている。私は神道のことは一切強要していないのだが、常に伊勢の神宮や神道のことが話題となり、改めて先人たちの叡知に気づくことも多い。関心のある方は、宗像国際環境会議のウェブサイトを御覧いただければと思う。

社叢をめぐる法律問題―実務上の留意点―

ＮＰＯ法人 社叢学会 理事
秩父今宮神社宮司・弁護士

塩谷 崇之

「鎮守の森」が失われゆく原因

自然と人間の共生の大切さが強調されるようになって久しい。近年では生物多様性、ＳＤＧｓが叫ばれる中で、自然環境保全の重要性がますます注目されている。それにも拘らず「鎮守の森（社叢）」は年々失われてゆく。

社叢の減少・損傷・破壊を語るとき、我々は周辺の大規模開発や環境破壊といった外部的要因に責任転嫁する傾向がある。しかし公有林や民間の私有林と異なり、神社の社叢の多くは神社の所有地であるから、神社がこれを処分しない限り失われることはないし、他所からの侵入者が勝手に社叢を破壊しているわけでもない。社叢を失わせているのは神社自身である。境内林の売却処分や借地権設定、あるいは神社自身による樹木の伐採。社叢の破壊の多くが、神社自身の決断によってなされている現実を直視しなければならない。

神社界における緑を守る規制は

社叢は神社の神聖性と尊厳の原点であり、神社界では、早くから社叢の重要性について啓蒙活動をおこなうとともに、さまざまな形で、境内地の処分や樹木の伐採を規制する方策を講じてきた。神社本庁は庁規において、神社が不動産（立木を含む）を処分する場合には、「あらかじめ統理の承認を受けなければならない」と定め、境内地や樹木の伐採に規制をかけた。昭和四十年代には、高度成長期の急激な都市化と自然環境破壊への危機感を背景に、全国の神社に向けて『神域の緑を守る会』結成促進について」と題する通知を発している。

曰く「人間社会の発達が、その結果として自然環境を悪化させることは容認できないことであり、その弊害を防ぐことは緊急を要することであります。神社界に在る吾々は何よりも神社の尊厳風致を護る事が、延いては公害から神社・氏子を守り地域社会の精神的に又日常生活面に於ても貢献して行く途たる事を再確認し、氏子崇敬者に対し繰返し啓蒙してゆくことが肝要であります。より積極的に自然を守ることを考へると共に境内林の増植に依り神社の宗教的尊厳の増進を図ることは、反面境内林乱伐防止の点に於ても緊要適切な事業と存じます」として、全国の神社に、植樹運動や緑化愛林思想の普及宣伝等の活動、樹木に対する研究、造成等の積極的取組みを求めた。

さらに、昭和五十五年に、全国神社の基本的規範として定められた神社本庁憲章では「神社の境内地等の管理は、その尊厳を保持するため」に「境内地は、常に清浄にして、その森厳なる風致を保持すること」や「境内地、社有地、施設、宝物、由緒に関はる物等は、確実に管理し、みだりに処分しないこと」などを明記。社叢の維持管理の責務が神社関係者の責務であることを明らかにしている。

かかる理念に基づく神社本庁の各神社への指導と諸規則の運用が、社叢の維持存続に一定の役割を果たしてきたことは否定しない。しかし、現実はそう簡単ではなかった。神社自身の財政上の問題、地域開発の流れに逆らえない神社の立場、周辺の宅地化に伴う自然と人間の生活の主従関係の変化、近隣住民の信仰心の衰頽と権利意識の高まり、社叢管理の担い手不足と費用の高騰など、さまざまな要因により、神社は自らの原点であるはずの社叢を手放しあるいは破壊し、いまなお社叢の減少に歯止めがかからない。

行政による規制一定の効果あり

そのような中、社叢を保全してゆく手段として、各種公法的な規制や支援の活用が推奨され、一定の役割を果たしてきた。社叢を成す銘木・古木への「文化財保護法」や保護条例による「天然記念物」の指定、「樹木保存法」（都市の美観風致を維持するための樹木の保存に関する法律）に基づく「保存樹」「保存樹林」の指定は、無秩序な伐採を制限し樹木を永続的に保存するのに有効である。良好な景観の形成促進と個性的で活力ある地域社会の実現を目的とする「景観法」

は、景観計画区域内においてとくに良好な景観を形成する樹木を「景観重要樹木」として指定し、その保全のために一定の保護を与えた。

しかし、これらの公的規制は全国神社の社叢を広くカバーできるわけでもない。あくまで社叢の所有者である個々の神社における、主体的な森の保全と維持管理の努力が不可欠である。

社叢の維持管理近隣との関係が

神社による社叢の維持管理には、世間の想像をはるかに上回る負担が伴う。住宅地では、境内の落葉を掃き集めても、境内で燃やすこともできず、廃棄するにも費用がかかる。倒木や枯れ枝の落下によって事故が起きれば損害賠償責任を問われる。屋根の樋が詰まる、車が汚れる、道路が汚れるなどの苦情、さらには日照、通風、治安、鳥獣の害、近年では「花粉」の害など、社叢から発生するありとあらゆるものが、近隣住民から神社に「苦情」として寄せられるのだ。

近隣住民だけでない。神社の境内整備、社殿等の施設の維持管理、あるいは参拝者用駐車場の確保のため、植樹どころか、樹木を伐採する方向で進められる境内整備。つまり、維持管理の負担と周辺の圧力に耐えられなくなった神社が、自ら樹木を伐採する決断をしてしまうのである。本来、神社の原点であったはずの「鎮守の森」が、神社経営にとってのお荷物になってしまっている現状がある。

神社にとって、近隣住民と良好な関係を保つことは重要であるが、社叢に価値を見出さない一部の関係者のエゴに服従してしまえば、鎮守の森はどんどん狭められてゆく。では、近隣住民との利害調整にあたり、神社側は、何を踏まえておかなければならないか。

利害調整の方法　踏まえるべき点

(ア) 隣接所有者からの伐採要求への対応

法律上、樹木は土地の一部として土地所有者の所有に属する。土地の境界を越えて生い茂る竹木の処理について、民法は、隣地所有者は枝葉の剪除を求めることができ、竹木の根が境界線を越えるときは、隣地所有者は自らその根を剪除することができる旨を定める。境内地からはみ出した樹木の枝や根は、隣地の所有権を侵害するものであるから、剪除しなければならないということである。

しかし、無秩序に枝を伐採し、あるいは根を切除することは樹木の生命を脅かすこととなる場合もある。この点、越境が隣地所有者に与える損害が極めて僅少な場合、剪除によって回復する利益に比して、樹木所有者の受ける損害が不当に大きい場合に、隣地所有者からの伐採要求は「権利濫用」にあたるとして、「越境樹枝の剪除を行うに際しても、単に越境部分の全てについて漫然それを行うことは許されず」「当事者双方の具体的利害を充分に較量してその妥当な範囲を定めなければならない」とした裁判例が注目される（昭和三十九年新潟地裁判決）。

大きく枝を広げる神社の御神木などは、隣地所有者がその土地を取得する何十年も前から、境界を越えて聳え立っていたようなことが多く、そのような場合に、新たにその土地を取得した隣地所有者が、境界を越える枝の伐採を求めるのは不当であるから、隣地からの伐採要求も「権利濫用」として制限されるべきであろう。さらに、神社の樹木により長年にわたり平穏・公然に隣地上の空間を占有してきたことを理由に、土地上の空間についての地上権、地役権などを時効取得しているという主張も注目に値する。

(イ) 樹木の枝の落下や倒木による事故

民法は、土地上の工作物の所有者のいわゆる「土地工作物責任」と同様、竹木（樹木）の植栽や支持の瑕疵から他人に損害を生じさせたときは、樹木の所有者や管理者に損害賠償責任を負わせている。「瑕疵」とは、そのものが本来備えているべき性質又は設備を欠くことをいうが、瑕疵が認められると所有者や占有者の故意過失を問わず責任を問われる点で、その責任はたいへん重い。

社叢に関する例ではないが、道路に松の大木の幹が突き出ており、走行していた車両がこれに衝突し近隣の民家に追突した場合に、松の木の植栽・支持の瑕疵を認め、土地所有者に賠償責任を負わせた裁判例がある（昭和四十七年和歌山地裁田辺支部判決）。他方、山林中の松の木が腐朽して風で倒壊し車両にあたって死亡した例で、車が通行しない山林・原野における樹木のあり方と、街道筋に面した山林・原野の立木、庭木や街路樹とは異なるとし、松の木の腐朽が植栽又は支持の瑕疵に該当しないとした裁判例もある（昭和五十三年大阪高裁判決）。

神社境内での事故が問題となった例としては、平成十四年の広島高裁判決がある。台風で神社境内の樹木の枝が折れ、神社脇の駐車場に駐車していた自動車を損傷したことから、自動車の所有者が、樹木の植栽または支持の瑕疵が原因だとして神社側に対して損害賠償を請求。裁判所は「本件老木は通常の強さを持っていた生木であるのに、史上稀な強風のために、枝の折断という予期し得ないことが起きたものというのが相当」「樹木の通常の生長、老化の過程で生ずる枝葉の落下は、その瑕疵とはいえまい」として、神社側への損害賠償請求を棄却した。

建物などの建築物と異なり、樹木については、その安全性を見極めることが極めて困難であり、時には予期しない事故が発生する。樹木の管理（植栽と支持）について十分な注意を払うべきことは当然であるが、完璧を期すためには相当の費用がかかるし、それでも被害は完全には防止できない。

そうなれば被害をゼロにするため、いっそ樹木をすべて伐採してしまったほうがよいとの判断に陥りかねない。予期せぬ事故は避けられないが、そこで神社としては、できる限りの管理はおこないつつも、万が一の事故に備えて「神社賠償責任保険」等の活用を積極的に検討すべきである。

（ウ）落ち葉による被害

事故とまでいかなくても、社叢からの大量の落ち葉が迷惑であると、近隣住民から苦情が寄せられ、時には訴訟にまで発展することがある。

近隣住民が、国の管理する一級河川の堤防上に生育する樹齢三十年から九十年の四本のケヤキ（欅）からの落葉による被害を訴え、国に対して樹木の伐採と損害賠償を求めた裁判。最高裁判所は「落葉の被害時期は一年間にわずか一か月足らずであり、落葉の清掃等によって容易に除去しうる」こと、「落葉樹からの落葉であっていわば自然現象に他ならず、管理者又は所有者の故意・過失に基づく性質のものでない」ことなどを勘案すれば、原告らの被害は「未だ受忍の限度に止まっている」とした大阪高裁判決を支持し、近隣住民の請求を棄却した（最高裁昭和六十一年七月十四日判決）。

減少する社叢に歯止めをかける

以上のとおり、社叢の維持管理には大きな負担と責任を伴うものであるが、社叢を維持し後世に伝えてゆくためには、日常の社務としての保護・管理・育成に加え、氏子崇敬者や近隣住民に社叢の重要性を啓蒙してゆくことが重要である。近隣住民との軋轢の中でも、根気よく説得し、時として毅然として立ち向かうことも必要であろう。

さらに、万一の事態に備えての保険の活用なども忘れてはならない。社叢の減少に歯止めをかけるためにも、そのような施策を総合的に考えられる専門家の育成が急務である。

ＳＤＧｓに関わる生気に満ちた森づくりの使命

ＮＰＯ法人 社叢学会 名誉顧問
秩父神社宮司・京都大学名誉教授

薗田 稔

「日本は森の国」森林の宗教文化

「日本は森の国」とは、平成十七年に愛知で開催された万国博覧会「愛・地球博」に私どもＮＰＯ法人・社叢学会が出展参加した際の映像作品のタイトルです。

現在の日本は、国土面積が約三千七百八十万ヘクタールあって広さでは世界二百一カ国のなかで六十一位、アジアでは八位に当たりますが、森林面積では、国土の六八・二％、二千五百十万ヘクタールを占めて森林率では北欧フィンランドの七三・九％に次ぐ第二位です。因みに第三位がスウェーデンで六六・九％、第四位が韓国で六三・五％となっています。

日本は、周知のように温暖多雨のモンスーン気候帯での森林に恵まれた山岳列島ですが、実は古代から森林を大切に育てる民族文化の土地柄でもありました。そのことは、日本の古代神話において有力な神・スサノオノミコトが、御自分の髪の毛や髭などの体毛を各種の樹種にされたり、御子神・イタケルノミコトたちに命じて全国に植林させたりという物語を伝えていることからもわかります。

日本には、西暦前三世紀には大陸から水稲耕作が伝来し、それ以来、古代から近世に至るまで歴史を通じて稲作農業の開発を民族文化の基盤にしてきました。日本の農民たちは、その頃から水田を開発するために河川上流の水源の森を大切にし、さらに山間に豊かな森林を育てながら、そこに山の神々と水源の神々を祀って治山治水の恵みに感謝してきたのです。

現代の日本には、全国各地の集落ごとに約八万の神道系神社が点在しており、それぞれを宗教法人として地域社会の住民たちが地元鎮守の祭神を祀っています。そのほぼすべての神社は森林に囲まれた景観を特徴とすることから、一般に「鎮守の森（Sacred Forests of Community Shrine）」として住民たちが大切にしてきました。それは、日本人古来の神聖感覚にあって、緑豊かで生気に満ちた森にこそ神々が宿ると感じてきたからです。したがって、山水や沿海の豊かな恵みを象徴する「森林の宗教文化」でもあるといえます。

近代以降に開発　環境汚染が進み

ところが、明治維新（一八六七）以降に本格化した国家社会を挙げての近代化を推進するなかで、近代日本は、欧米の先進諸国の制度文物を積極的に導入しつつ、その科学技術文明をいち早く吸収して軍事大国に成長。一度は帝国主義的海外進出の挙句に第二次世界大戦に敗れたものの、昭和二十年の終戦後には一転して企業経済の徹底による経済大国への道を歩んできました。

しかしながら、とくに昭和二十五年以降の急速な経済的開発は、一口に言って「開発が環境を破壊する」という意味での工業化による、さまざまな公害などの弊害をもたらしたことも事実です。

例えば、一時は「列島改造」とも喧伝された国土開発のうち、全国数千に及ぶ河川の治水事業では上流に巨大な貯水ダムを建設して防災・発電・灌漑の高度活用化を推進してきました。その土木的大規模開発の結果、地域環境の生態系を破壊し、流域住民の生活文化を空洞化したことは否定できません。水源の山地から人里と沿海に連なる河川が絶えず運んできた森林の土砂と栄養素の供給が止まったことで、海岸の砂浜が痩せ、海底の海藻林が消滅して魚類の住まない「磯焼け」という現象が全国の沿海地帯に生じてしまったのです。

かつて全国で豊かに営まれた林業・農業・漁業という第一次産業が衰頽。それらを生業にして山水や祖先の恵みを鎮守の神徳としてきた共同体生活も空洞化や解体の危機に瀕してしまったのです。

この例は、現代の日本が経験し直面してきた多くの「開発による環境破壊」のほんの一例にすぎません。こうした近代の産業開発による急激な環境変化は、同時に伝統的社会生活を弱体化させ、極端な都市化の過程で地域社会を解体してきました。今や社会全体の高齢化・少子化にも直面して、さまざまな人心の荒廃による社会的混迷も露呈していると言えましょう。

しかも、こうした現代日本が経験し、直面している開発の環境破壊による社会的混迷や人心の荒廃は、単に日本の場合に限らず、いずれは広くアジア諸国が大なり小なり直面する、あるいは現に今直面しつつある課題なのではないでしょうか。そこでこの際、私どもが同じ宗教者の立場で、この「環境を破壊する」現代文明の開発を軌道修正して、近代以前の「環境を豊かにする」宗教文化の智恵を学び合いたいものです。

日本の宗教文化「万物霊性観」が

そこで最後に、現代の日本人にも現に共有されている万物に霊的生命（spiritual life）が宿るという宗教文化に触れておきたいと思います。

日本の伝統文化には、古く八世紀の頃から神道の神々と仏教の諸仏如来とが共存し、習合する永い歴史がありました。明治近代化で両者が制度的に分離されたものの、習俗的な宗教文化として、ひと口に「神仏」と称して宗教的崇拝対象を表現する習いは、現代でも活きています。

強いて分別すれば、神・カミは自然の諸物に内在したり人体に宿ったりする霊的生命であり、仏・ホトケは人間的霊性、すなわち衆生の仏性です。しかし実際には神道でも人間の祖霊を神に祀り、日本の大乗仏教でも草木虫魚など自然の諸物にも仏性を認めて成仏への追善供養を施す習いがあります。

それればかりか、自然や人間の霊性ばかりでなく、人工の諸物、例えば大切な道具やペットなど愛玩物にも霊魂が宿ると感じて、その霊的生命を供養したり、鎮魂の祭りをしたりすることも稀ではないのです。現代でも日本では、大学医学部での献体供養や実験動物の供養をはじめ、シロアリや害虫の供養、草木供養、畜類供養、魚類供養、農器具の供養、針供養、人形供養など、あらゆる生き物や道具にいたるまで、人間の生活に犠牲となった霊的存在と見做して、その霊性を手厚く供養したり慰霊したりする宗教習俗が顕在しているのです。

万物共生目指す森林緑化の実践

広く考えてみれば、古代インドの宗教思想に由来する不殺生戒（ahimsah）に見るように、こうしたアニミズム的な霊的生命観は、少なくともアジアのインド以東から東南アジアにかけて共有されてきた宗教文化ではないでしょうか。

ひるがえって近代文明のグローバル化のなかで強力に推し進められてきた産業開発で、ヒューマニズムという美名の下に地上の全生物や自然の諸物を物欲の対象に貶めてきた結果が、現代の深刻な地球環境の危機をもたらしました。そのことを思う時、改めて人類が万物の霊的生命に目覚めて「万物共生」を目指し、豊かな生態系を育てるための環境開発を促すことが、我々宗教者の役割と実践ではないかと思うのです。

その一例として結びに、公益財団法人世界宗教者平和会議（ＷＣＲＰ）日本委員会の気候危機タスクフォースが実践しつつある「いのちの森」づくりを紹介しておきます。地球温暖化をもたらす各地の森林破壊や砂漠化を押しとどめるための森林緑化を神聖な使命として、宗教者たちが率先して実践することを提案する意味でおこなわれているものです。

その発端は、平成二十六年八月に韓国の仁川で開催されたアジア宗教者平和会議で私どもが提唱し、大会宣言にも採択された一人一本の植樹運動。それを国内で実践垂範する方途として、日本委員会の気候危機タスクフォースが率先し、広く諸宗教教団に植林参加を促すことによって、実際に「いのちの森」づくりを実現しつつあるところなのです。

平成30年４月20日発行（毎月１回20日発行）第462号／ISSN 0289-5161

WCRP
World Conference of Religions for Peace Japan
4
2018
April
No.462

130人が集う「WCRPいのちの森」第１回植樹祭

公益財団法人 世界宗教者平和会議 日本委員会

WCRP日本委　気候危機タスクフォース「いのちの森」植樹祭　埼玉県所沢市・平成三十年二月二十五日　記念写真（「WCRP」第四六二号〈平成三十年四月二十日発行〉表紙）

身近な森とむすぶ実践の学び

ＮＰＯ法人 社叢学会 理事長
皇學館大学名誉教授
櫻井 治男

社叢学の始まり

すでに「社叢」という言葉を熟知されている方もあれば、シャソウの響きで「列車の窓のこと？」と頭を傾けられる場合もあるでしょう。社叢とは、「神社の森」「鎮守の森」とほぼ同義ですが、寺院などを含めもう少し対象を広く捉えた用語です。

神々・精霊が宿る空間として畏敬の対象となってきた森の歴史は古く、また「神社」といっても立派な社殿や施設が構えられたお社から、一本松の根元で祀られる路傍の小祠もあります。鎮守神にも「村の鎮守の神様」をはじめ、お寺の守りとして鎮まる神など、時代を遡ると多様な様子が浮かび上がってきます。

さらに、社叢は南九州の鹿児島に多いモイドンと呼ばれる森の神、ウタキ（御嶽）が重要な祭祀の場となる沖縄地方、御先祖を祭るとされる若狭地方のニソの森など、地域によっては特有の呼称や姿があります。東アジア・東南アジアをはじめ、古代のインド・エジプト・ギリシャでも同じような聖なる森への信仰があったという指摘も。こうした聖性とかかわる森を中心対象として、関係する学問の垣根を取り払い調査研究を進め、その保全・拡充・創出を図ることで地球環境の悪化を食い止めよう、森と親しむ生活空間の向上を目指し、森を通して日本文化への自覚を高め国際的な連携を深めて行こう、との目的で創設されたのが当学会で、その合言葉がシャソウ（社叢）という用語です。

伊勢市・寝起松神社

社叢の特徴には二律背反の魅力

社叢のイメージは、周囲の樹相とは少し雰囲気が異なり、こんもりとまとまり、その内部に社殿や祠、あるいは磐座、神木、踏み込んではならない禁足地などが含まれている場所といえます。子供時代に「お宮のモノは一木一草、一粒の小石さえ持ち帰ってはいけない。罰があたる！」と諭された経験を持つ方もおられましょう。しかし現在では、境外にはみ出す木々、小枝の落下、落葉一枚の舞上がりも許さない、発生源となる社叢の存在が疎ましいなどという、激しい感情が神社へぶつけられるとの慨嘆も聞こえてきます。

神社境内が持つ特徴は、「森厳瀟洒」(厳かですっきりしている)や、鬱蒼・蒼然のように、「暗く奥深いところ」として表現されます。その一方では、森の中から祭り囃子が聞こえ、神輿の繰り出す華やかな場で飛び込みたくなる印象も。それは、神の森が醸し出すたたずまい、すなわち「近寄り難い」が「引き寄せられる」という二律背反の魅力といえましょう。社叢への「親愛」の思いや「不快」の情感は、ともに森への、神社への近付き方に関係しそうです。

社叢学会がＮＰＯ法人として設立された翌年の平成十五年、上田正昭理事長監修の『身近な森の歩き方　鎮守の森探訪ガイド』(文英堂)が刊行されました。本書は、森を視点として説き起こされた神社への誘い本という内容で、手始めとして鎮守の森を、目から、地図から、地名から確かめることが勧められています。現在はネット上での容易な確認手法が加わりましたが、ページを繰るごとに社叢を見守る楽しさや、さらに分け入ってスペシャリストを目指そうという思いに駆られるコンテンツを含んでいます。

危機の社叢守る　紡ぎたい歴史が

七世紀中ごろ、飛鳥時代に難波（大阪市）に都を定められた孝徳天皇のことを『日本書紀』は「仏法を尊び、神道を軽(あなずり)たまふ。生国魂社の樹を斮(き)りたまふ類、是なり」と評しています。「神道」の語が古代文献に登場する数少ない例ですが、「生国魂社」の木を伐採するような行動が侮(あなど)りであるという、日本の宗教文化、宗教伝統の考え方が窺われます。

社叢をいかに適正管理するのか。そのための知識や留意点、実際の行動を進める上での情報などとともに、社叢への新たなポジティブ評価が進んでいる時代の到来が、本書において随所で説かれています。こうした時代性のなかで、神霊の祭られている神社の森やそれにつながる木々が、「公共」事業への協力という目的で随分減少してきたことも歴史を振り返ると見られます。そのような事態にノーを突き付けて来た神社界の行動もあります。

その例として記憶を紡いで行きたい一つに、栃木・日光東照宮杉並木の保全と太郎杉の保護問題という、先人の取組みがあります。先の大戦の終盤、軍事物資が枯渇する中で、軍需造船供木の対象となった立派な並木の一本一本が、一兵員として御奉公すべしという運動が展開されました。日光の供木が、国策推進の大きな力となるとの主張に対して、史跡・名勝・天然記

栃木県・日光東照宮杉並木

念物保護の観点、学術面からの立木調査の結果による軍事的船舶用材として不適合との判定、当事者である東照宮による最少伐採に止める判断などにより、最終的に供出されずに終戦となったとのことで（鈴木隆俊『日光杉並木街道余話』）、戦前期ですが忘れがたい事件といえましょう。

また戦後においても昭和四十年代に、並木のなかの巨木「太郎杉」が、観光振興に伴う道路拡張のために伐採対象となる係争事件が起こりました。結果として伐採拒否の主張が認められたわけですが、高度な歴史的文化的価値への認識、環境保全の観点からの評価に、コスト面で高騰をさける開発を目指す方向性とが鬩（せめ）ぎあった事件において、社叢保護に尽力された神社の姿が見られます（『太郎杉問題証言集』昭和四十五年、日光東照宮林務部）。

神社界における森を守る活動も

こうした事柄は、全国神社の問題でもありました。昭和四十六年に神社本庁では「神域の緑を守る会」の結成を促す呼びかけをおこない、神社新報社においても蝕まれてゆく社叢の現状や各地における保全の活動などを紹介した『護れ鎮守のみどり』(昭和六十年)を刊行し、啓発活動がなされてきました。

さらに、世界的な環境保全、持続可能な開発の議論が高まる中で、「人と自然との共生」を育んできた日本文化の自覚に根差す「千年の森づくり」ネットワークを創設する呼びかけが神社界を中心におこなわれました。それが、平成六年九月に高円宮殿下を閉会式にお迎えし、神宮御鎮座の伊勢で開催された「千年の森に集う」シンポジウム(佐藤大七郎委員長)です(『千年の森シンポジウム報告書』平成八年、財団法人昭和聖徳記念財団)。以降も環境問題にかかわる対話集会での話題として、また自然観察の場として、憩いの場、子育ての場(『鎮守の森を保育の庭に』平成十三年、学習研究社)などとして社叢が着目されてきました。

神社には、歴史や伝統といった文化的資源、氏子や崇敬者といった人々がつながる社会的資源、そして社叢に代表される自然環境的資源があります。これらの資源を有する神社が、持続可能な地球環境保全の基盤として、その役割を担っていく上でも、多くの人々に社叢を身近に感じていただく機会が折に触れて必要になっています。そのためにも一木一草に目を向け、それらについて知ってくださる場として、各地の神社で社叢学会の大会や支部例会、社叢インストラクター養成講座を開催し続けてきたところです。

短きなかに趣を　春山と秋山こそ

植物生態学者の吉良竜夫氏は、生態気候区分の観点から、日本は「蚊帳とこたつの交代する二季の国」で「春と秋の季節はあまりにも短」く、四季の区分はイメージされるほどに明確ではないと指摘されました(「日本文化の自然環境」)。然り。ですが、そのわずかな春秋でさえ、大和盆地の東西の山を領有する女神として、春の「佐保姫」と秋の「龍田姫」とを擬人化し心を深く寄せる精神文化を私たちは受け継いできました。万葉歌人の額田王は、「春山万花の艶」と「秋山千葉の彩」のいずれが素敵かと問われて和歌(巻一・一六番)を以て応えています。

「春には、鳥もやって来て鳴き、花も咲きますが、山が茂り草も深いので分け入り手に取って見ることはありません。秋山の木葉は、色づいた枝は手に取り賞でることを致します。しかし、まだ青いものはそのままおき嘆息します。その点が残念です。でも秋山だと思います、私は」。(抄訳)

草花、木々がとても身近にあり、両季の特徴を捉えた秀歌といえましょう。ただ現在の私たちには、日常的にそうした自然の姿に眼を向け、生活のバランス関係のなかで木々や繁みを見つめる機会や余裕が少なくなっているようです。しかし、このような日本文化の通奏低音を形作っている世界を発見する上で、「あなたの傍」に神社が鎮座し、聖なる森が待っているという環境の重要性は高く、その理解のためにも「社叢学」というプラットホームに立寄っていただけることを願いたいと思います。

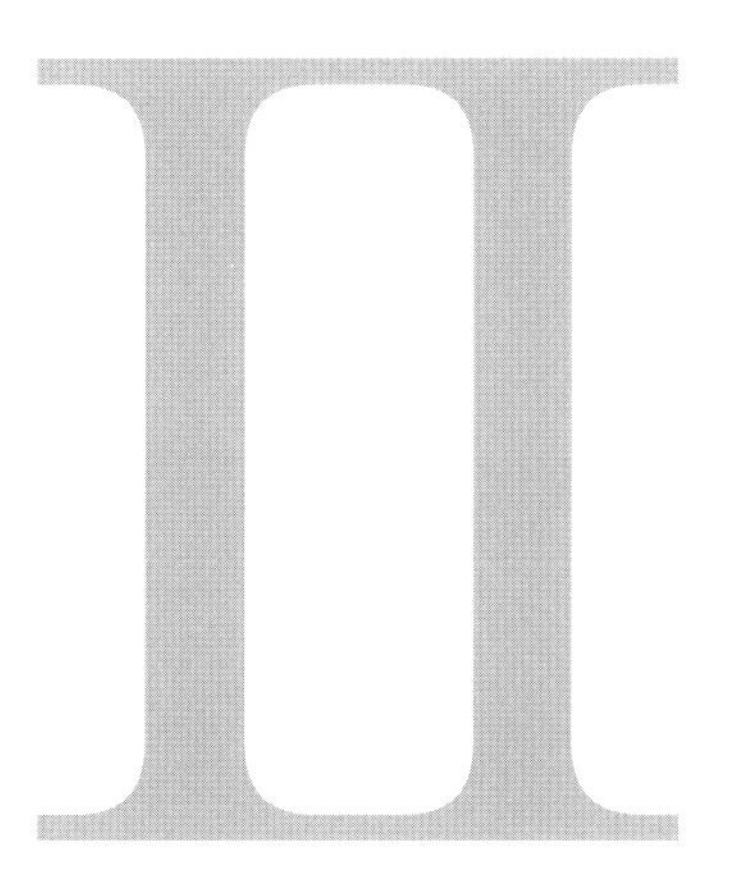

社叢をどのように保全するか

神木・名木　その保護の問題点

ＮＰＯ法人 社叢学会 顧問
京都大学名誉教授

渡辺 弘之

巨樹・巨木が多くある神社

神社の境内・社叢には巨樹・巨木が多い。そのことで、そこが神社であることがわかる。それら巨樹の多くには注連縄が張られている。神は樹木にも降臨されるとされ、これを神籬などといった。

古来、巨樹・巨木は神聖なものと信じられてきた。鳥居の前には「下馬」の高札とともに、「定」として「竹木ヲ伐ルコト」「魚鳥ヲ捕ルコト」の禁止が掲げられている。

神社境内は「不入の森」「禁足地」として、人が入ってはいけない場所、いっさい樹木を伐採しないところとされてきた。しかし、法律や罰則はそのような違反があるからつくられるものので、わざわざ「定」が掲示されるということは、往時でも現在でも、そんなことがおこなわれていたということでもある。

環境庁編『日本の巨樹・巨木林（全国版）』（平成三年）によると日本最大の木は鹿児島県姶良市八幡神社のクスノキ（蒲生の大楠）で、巨木ランクの十位まではエドヒガン（江戸彼岸）一本を除きあとはすべてクスノキである。クスノキが大木になることがわかる。それらの巨樹の多くは、間違いなく神社にある。先の全国十位までの巨樹も二つを除き、すべてが神社にある。神社にあったから巨樹になった、巨樹になったので神木とあがめられるようになったのであろう。神社の外にある巨樹にも注連縄が張られていることが多い。

巨樹（巨木）とは、環境庁の基準では高さ（胸高）一・三メートルのところで胴回りが三メートル以上のものとされる。樹木が斜面にある場合は樹木の山側に立って測る。文化庁では「目通り直径」といっている。ところが巨樹になるほど、根元は凸凹しているので、実際に測ってもらえばわかるのだが、測るのは簡単ではない。どうしても大きくしたいし、比較の場合、まったく別の人が計るのだから基準は曖昧になる。わずか数センチ違いでのランキングにはあまり意味がないと知っていただきたい。

神社の外でも巨樹に注連縄が張られ、小さな祠がおかれ、花が供えられている。時には道路自体がこの巨樹を避けて曲がっていることもある。こんな木を伐ると祟りがあるとされ、伐った人に不幸があったといった都市伝説も残されている。

神木に多様な種類や由緒が

神社境内は禁足地として、創建以来、まったく人手が入っていないと思われがちだが、神事に用いるサカキ（榊）、オガタマノキ（小賀玉木）、ナギ（梛・竹栢）、ユズリハ（楪）、ヒイラギ（柊）、ナンテン（南天）などが境内に植栽されていることは多いし、創建時に、あるいは戦勝祈願・参拝記念として植樹する伝統も古くからある。京都付近でも石清水八幡宮に楠正成植栽のクスノキ、源頼朝のクロマツ（黒松）、若一神社には平清盛植栽のクスノキがある。新熊野神社のクスノキは後白河法皇が植えたとされる。奈良・春日大社には天然記念物の竹栢林があるが、

杉の大杉（夫婦杉）〈高知県長岡郡大豊町・八坂神社〉素戔嗚尊お手植えとされる樹齢三千年といわれる巨樹、国指定特別天然記念物

これも古く寄進によって植えられたものと考えられている。

神木は各神社で決められ、決まった基準はないが、大きなもの、小さくても珍しい樹木が神木とされ、注連縄が巻かれる。全国の約八万社に御神木があるかどうかを調べた報告書がある（笹生衛監修『神社と御神木・社叢』國學院大學神道資料館・平成二十四年）。御神木があると回答した神社は千二十八社なので、神木のない神社も多いことがわかる。御神木でもっとも多いのがスギ（杉）、次いでクスノキ、ケヤキ（欅）、ヒノキ（檜）など。樹種は六十八種にも及び、社叢全体が御神木だとする神社も五十六社あった。

御神木のうち国指定天然記念物が八件、都道府県指定の天然記念物等が六十三件あるとされる。市町村指定のものならもっと多いであろう。同時に、これら御神木の由緒なども報告させているが、夫婦銀杏、孕み杉など通称のあるもの、神社の歴史に登場するもの、夫婦和合・子宝授けなど願いの叶うものなど、神木の多くがその由緒を持っていた。神木は寺院にもある。ここでも注連縄が張られている。

巨木がゆえの切実な問題も

巨樹・巨木には独得の風格・威厳がある。思わず手を合わせる。パワーをもらえるとして、これら巨樹に触る人も多いが、根元の土を踏みつけるなどで巨樹を弱らせる原因にもなる。ロープで近寄れないようにしていることもある。

禁足地だとして樹木が枯れてもそのままにしている神社もある。確かに、十分な広さがあり、樹木が倒れても参拝者や建物への影響がない場合、そのまま放置することが昆虫やキノコの繁殖場所となり生態学的には社叢の生物多様性保全に貢献する。しかし、そんな広い境内をもつ神社は少ない。

周辺が住宅地に囲まれている都市域の神社、そこでは落ち葉の飛散、巨木があることで日陰になること、倒木のおそれなどのさまざまな苦情が寄せられ、そのため枝の剪り落とし、伐採がおこなわれている。

森林なら倒す方向を定め伐倒すればいいのであるが、神社境内の場合、中でも、神木・巨樹の場合、伐り倒せば本殿など建物に当たってしまうおそれがあり、伐り倒せないことがある。クレーン車などを入れないといけないのだが、進入道もなく作業車が入れない。長い梯子を固定し人力で上から少しずつ伐っていくしかない。いずれにしても、その作業には大きな支出がともなう。

神木・巨樹にも寿命がある。できるだけの延命策が求められるが、倒木の危険性がある、あるいは枯死した後のそれら伐採・撤去は素人にはできない。専門業者に頼むしかないのだが、特殊な作業だけに大きな支出が必要になる。厳しい神社運営の中、この支出ができないことも多い。とくに、過疎地・限界集落では危険木も放置されたままになっている。

神社の森・社叢が果たしている防災避難地・ヒートアイランド現象の緩和・大気浄化、天然記念物指定を受けるなど生物多様性の維持などに貢献していることを認めてもらい、建築物や神楽などが文化財の指定を受けていることと同様に、神木・巨樹、社叢の維持に公費の支援があってもいい。

京都府では社寺の森の保全、名木・古木の保全などを対象に「京の森林文化を育てる支援事業」を実施している。倒木の危険性のある樹木の伐採・除去への支援要望が多い。神社が神木・巨木を守りながら抱えている切実な問題であることがわかる。

祭礼・神事で使われる植物

ＮＰＯ法人 社叢学会 顧問
京都大学名誉教授

渡辺 弘之

祭事において使われる植物

神社ではお正月の歳旦祭から大晦日の除夜祭まで、一年中、祭礼・神事が続く。その数は創建の古い大きな神社ほど多く、小さな神社ほど少ないといっていいようだ。その祭事で使われる植物も、当然、神社の歴史・由緒が違い、地域の植物相の違いで、違ったものが使われている。なぜその植物が使われるのか聞いても、その由来はわからないこともあるが、ササ（笹）、サカキ（榊）、ヒカゲノカズラ（日陰蔓）などは『古事記』『日本書紀』の天の岩戸神話に遡る。古くから使われてきたと考えていいようである。

玉串には普通サカキを使うが、私が参拝した京都・石清水八幡宮ではオガタマノキ（小賀玉木）、奈良・吉水神社ではアセビ（馬酔木）、長野・諏訪大社ではサカキと呼んでいたがソヨゴ（冬青）であった。南紀熊野三山ではナギ（梛）だ。奈良・春日大社でも一の鳥居にはナギが飾られる。笹生衛監修『神社と御神木・社叢』(國學院大學神道資料館・平成二十四年)は全国の神社にアンケート調査をし、全国で三十六種もの樹木が玉串に使われることを報告している。

サカキはツバキ科の常緑高木で、その語源は「栄木」、「常磐木」あるいは「境の木」ともされ、自然分布は関東南部以南、四国、九州と台湾、中国とされる。

鳥居に飾られたサカキ(三重・瀧原宮)

現在のように、特定の樹種サカキを指すようになったのは平安時代以降のことで、サカキが俗界・不浄の世界と清浄な世界の結界を表した。サカキの分布しない中部地方では玉串にヒノキ(檜)・サワラ(椹)が、東北地方ではヒバ(檜葉)〈別称・アスナロ(翌檜)〉が、北海道ではイチイ(櫟)〈別称・オンコ〉が、沖縄ではイスノキ(柞の木)・ガジュマル(細葉榕)が使われるとされる。サカキを境内に植えているところもある。

とはいえ、すでにスーパーでは中国産のサカキが売られているし、一般家庭の神棚にはプラスチックの造花が使われ、京都のいくつかの神社でもよくみるとプラスチックであった。プラスチックの造花より、願いをこめれば、地域で得られるもの、境内で得られるものでいいのではないかと思ってしまう。シキミ（樒）は普通、仏事に使われる植物だが、京都・愛宕神社では「火迺要慎」の護符と共に神花としてシキミが授与される。

特色さまざま　植物の使い方

ヒカゲノカズラはシダ植物に近縁のヒカゲノカズラ植物で、カズラ（鬘・蔓）の名の通り長さ数メートルにも及ぶつるを明るい地表や岩の上に伸ばす。このヒカゲノカズラは京都・伏見稲荷大社の大山祭では神職がたすきにし、参拝者にも授与される。奈良・大神神社の摂社・率川神社の三枝（百合）祭ではササユリ（笹百合）が主役であるが、巫女はササユリを手に頭にヒカゲノカズラを飾り五節の舞を奉納する。

京都・賀茂別雷神社では正月の本殿楼門にウツギ（空木）の枝にヒカゲノカズラを巻きつけ、ハナショウブ（花菖蒲）、ヤブコウジ（藪柑子）を挟んだ卯杖が飾られる。京都の老舗旅館では正月の玄関床の間に掛蓬莱といわれる長いヒカゲノカズラにナンテン（南天）や注連縄をつけたものを飾る。京都・安井金比羅宮ではお正月に稲穂にヒカゲノカズラを巻きつけ紙垂をつけた「稲宝来」を授与する。和歌山県南部では節分の日にヒカゲノカズラを玄関に注連縄のように張る。

京都の三大祭の一つ葵祭の正式名称は賀茂祭であるが、賀茂別雷神社（上賀茂神社）・賀茂御祖神社（下鴨神社）で使われるのはフタバアオイ（双葉葵）〈別名・カモアオイ（賀茂葵）〉と、葉の形がよく似ているカツラ（桂）である。現在では一対を挿頭（かざし）として冠や烏帽子につける。京都・松尾大社でも還幸祭には本殿や神輿をフタバアオイで飾る。伏見稲荷大社でも還幸祭にはフタバアオイとカツラが使われる。

水無月大祓式では、どこの神社にもススキ（薄・芒）やチガヤ（千萱・白茅）でつくった大きな茅の輪が設けられ、この輪をくぐれば穢れを落とし、疫病を避けられるとされる。稲藁も注連縄に加工されると途端に威力を発揮。スギ（杉）は東北地方以西のどこの神社にもある樹木だが、伏見稲荷大社では稲荷山の「験の杉」としてスギの枝に赤い護符を添えた「福重ね」が授与され、稲荷祭には神職が冠や烏帽子にスギの小枝を挿した。大神神社でも三輪の神杉（お祓いの杉）が授与される。

タケ（竹）・ササも神聖な植物の一つとされ、地鎮祭では四隅に青竹が立てられ紙垂がつけられる。湯立神事ではササの葉でお湯を勢いよく散らす。小正月の門松、注連縄や神札を焼く左義長（どんど）では青竹が大きな音をだして破裂する。この大きな音も意味があるのだろう。各地にあるえびす（恵比寿）神社ではササの葉に小型の熊手・箕・鯛などがついた吉兆笹・福笹が授与される。このほか、青竹に酒を入れた笹酒は各地で振舞われる。京都・八坂神社の祇園祭では中に粽の入っていないササの葉で包んだ「厄除け粽」が玄関に飾られる。

家庭祭祀にも深く関わりが

神社の祭礼・神事は一般家庭での年中行事にも深く組み込まれている。お正月に門松を目印に来られるという歳神様（歳徳神）を迎えるため、縁起を担ぎ、さまざまな植物を飾る。その第一は門松と注連飾りだろう。神を「祀る」はマツ（松）をあがめること、マツに神が降臨することに由来するともされる。

マツがタケと組み合わされた門松として登場するのは鎌倉時代以降だとされるが、デパートなどでは三本の青竹にマツが一本、これにウメノキゴケ（梅の木苔）のついたウメの枝が添えられる。これで松竹梅だ。最近ではハボタン（葉牡丹）とナンテンが添えられる。一般家庭でのダイダイ（橙）のついた注連飾りは急速に少なくなった。あっても、ダイダイはプラスチックだった。

先の見えないコロナ禍の中、人々は疫病退散、厄除け・魔除けにすがる。節分にはヒイラギ（柊）やトベラ（扉）の葉を玄関に飾るとされる。棘や匂いで厄・魔を祓うのである。

伏見稲荷大社でどのような植物が祭礼・神事で使われるのか興味をもって参列した。しかし、厳粛な神事の中では動けないし写真も撮れず、神饌の中など、とても覗けないものであった。

それでも、玉串にサカキ、歳旦祭・稲荷祭りにスギ、菜花祭にナノハナ（菜の花）、大山祭りにヒカゲノカズラ、クサギ（臭木）、青山祭りにシイ（椎）、フタバアオイ、カツラ、大祓にススキの茅の輪、荷田社例祭にはウメ（梅）の花を添えるなど、さまざまな植物が使われていることを知った。

使われる植物も境内にあるものか外部へ発注しないといけないものか、その寸法、飾り方には当然指南書が残され、それに従って遺漏ないように準備している。その努力の上に現在の祭礼・祭事がおこなわれ、継続されてきた。しかし、住宅事情の変化、少子高齢化、過疎化、宗教離れなど社会情勢の変化は急である。何かが省略され、何かが加わるなどの変化が起こっている。

社叢を保全・維持するための指針

NPO法人 社叢学会 副理事長
東京農業大学客員教授

濱野 周泰

社叢は環境形成効果の大きい樹木を主体とする植物を中心とした空間であることから、そこには植物に従属して生活する動物など多種多様な生物が生活している。ほとんどの社叢は立入りを禁止した「禁足の森」とされ、人の関わりを規制してきた。それは多様な生物が生活できる空間の形成に寄与している。他方、地域の社叢は鎮守の森として地元の人々によって参道や拝殿前の清掃はもとより、社叢の縁辺（林縁）の除草やツル切りなどの管理がおこなわれ保全・維持されていることも。鎮守の森は地域の気候的極相林として森や林の保全や維持、ひいては自然保護の模範とされることがある。

鎮守の森から極相林を連想するという考え方の背景には、初期の群落が自然の節理（遷移）により気候的極相林となるまでの永い年月に亙り、人が森に関与していないことを重ね合わせているのではないかと考えられる。森や林は時間の経過とともに樹種構成と密度、高さが変化。やがてその集団の構造は変化が穏やかになり停止し、群落は安定した状態になる。

日本の暖温帯地域を事例にすると裸地から遷移が始まり、安定した極相林に至るまでに要する時間は、諸説あるが約五百から七百年。長い時間が経過しても気候条件、地理的条件などにより気候的極相に到達することなく、途中段階で遷移が停止した群落を土地的極相と呼んでいる。

地球の陸地には、特別な高温や低温、乾燥などの地域を除けば何かの植物が大地や大地の延長上に根を下ろし生活している。植物の生活に水は不可欠なものであり、植物の体が大きく、とくに高くなるには十分な水が必要。植物への水の供給は降水であり、この降水量によって世界の植物の分布が支配されているともいえる。植物が森を形成するか否かは降水量が大きな影響力をもっている。

日本は大陸の東側に位置しており、夏に降水量が多くなる夏雨気候下であり、気温が上昇し植物の生育が旺盛になる時期に十分な降水量がある。

針葉樹と常緑広葉樹による土地的極相の社叢（滋賀県東近江市・大森神社）

このことから日本の植物の分布は気温に支配されている。高海抜地や緯度の高い地域を除けば国土のほとんどは森に覆われている。

人が創り出した森　その成功例として

人が創り出した社叢として明治神宮の森は有名である。この森の造営は、この地の気候的極相を推定した林苑計画に基づいて進められた。計画では林相を第一次から第四次まで示しており、第三次までに約百年内外を想定。この段階でカシ（樫）、シイ（椎）、クスノキ（樟）が優占木となり、これらの中にスギ（杉）、ヒノキ（檜）、サワラ（椹）、モミ（樅）、マツ（松）類等を混成する森となっている。第三次から数十年から百余年で針葉樹は消滅し、純然としたカシ、シイ、クスノキの常緑広葉樹林になるとされている。

この森の造営に関わった技術者のひとりである上原敬二は、生前に明治神宮の森を訪れ、目標とした第三次の森が予想よりも早くできあがっていると述べていた。目標時期より早く到達したことの要因のひとつに、マツノザイセンチュウによる被害で早くマツ類が枯死したことがある。勿論「禁足の森」「落葉落枝を森へ還す」等の林苑管理の定めを厳守したことも考えられる。

近年、森づくりが提案される時に必ずといってよいほど「明治神宮の森」が森づくりの模範として、また成功例として取り上げられる。明治神宮の森を取り上げる背景には、人がつくったという人為の可能性、管理は必要ないように見える森の姿、生物群集による森の営みなど「理想の森」となっていることが考えられる。

明治神宮の森が理想の社叢として形成してきたことは、綿密な調査と解析、伝統技術に対する科学的裏付け、理論を具現化する技術などで示されている。とくに宝物館前は、あえて樹木を植えず芝生広場としているのだが、これは樹木の生育基盤となる土地の潜在力（限定要因）が樹木の健全生育には厳しいことを見極めていたことによるものと考えられよう。

樹木の個性により社叢を形成維持し

社叢としての森づくりは、一本一本の樹木が健全に生育し個性を発揮することが重要。社叢にはすでに気候的極相に到達している森や極相に向かって遷移途中の森、あるいは土地的極相の森などさまざまな遷移段階の森がある。

気候的極相では陰樹林となり、生物群集と無機的環境が変化しない限り、それ以上の群落の遷移は起こらないとされている。陰樹林は群落構成種の中で光に対する競争で優位に立った樹木により構成されており、遷移途中の群落より生物群集の種数は少ない。気候的極相に達している社叢は森の階層構造が単純化し、地表は暗く乾燥気味であり限られた植物だけが生活し、生物多様性は低くなる。土地的極相の森では陰樹林となることは少なく明るいが、その土地の限定要因によって必ずしも生物多様性が高いとはいえない。生物多様性が高いのは、気候的極相の前段階とされる陽樹と陰樹による混成林とされている。

極相林では構成種の種子が供給され後継樹が育つことで森は持続するとされている。しかし極相林の地表環境から稚苗は生育できず後継樹になれない。一般に極相林の構成種が倒れて林冠が空いて（ギャップ　林冠の穴）光が入ることで陰樹の稚苗が後継樹として生長するとされている。これをギャップ再生と呼ぶ。

この現象によって存続（循環遷移）する社叢は、ギャップが発生しても森の環境が大きく変化しない緩衝力が担保できる一定以上の広い森が該当する。気候的極相の社叢を持続させるには、間伐によって人為的にギャップをつくり、地表を操作して陰樹の世代交代を促す方法が考えられる。定期的にギャップをつくることで陰樹の異齢林を形成することにもつながり、森の多様性にも寄与すると考えられるだろう。

生態系には変化も　課題ある社叢維持

社叢としての森は生物群集と無機的環境による生態系のバランスによって形成されている。近年、生物群集の生産者、消費者、還元者の動態は変化。社叢を構成する植物（生産者）は在来種を主体にしているが、鳥散布によってツル植物のキウイ、トウネズミモチ（唐鼠黐）、風散布によってシマトネリコ（島秦皮）などの種子が運ばれ発芽、生育し社叢に外来種が侵入している。

また、植物に従属する昆虫（消費者）の影響はマツノマダラカミキリの線虫媒介による松枯れ、カシノナガキクイムシのナラ枯れ、クビアカツヤカミキリのサクラ類被害など。還元者としての微生物は種類と数を減らしており、これには表土層の乾燥が影響していると考えられている。生物群集の動態変化は森の遷移によることとも一因と考えられるが、生物群集の動態変化に無機的環境要因の変化が関与することも見逃せない。無機的環境要因としての温暖化による気温の上昇、記録的な豪雨や強風、大気質の変化などが社叢に影響を与えている。

社叢は森としての生態系が形成され、遷移によって安定化に向かっている。極相に到達した後も時の流れとともに生活している個々の樹木。昨今は生態系のバランスにも変化がみられるようになってきている。日本のような湿潤気候下では植物の生育と森の形成は自然の流れのように感じているが、目的を持った植物の空間の保全・維持には人の関与が必須。樹木を構成主体とする社叢を保全・維持していくには、常に社叢の生物群集を観察し不自然さを感じることが重要である。

社叢に対するモウソウチクとニホンジカの脅威

NPO法人 社叢学会 理事
神戸大学名誉教授
武田 義明

NPO法人 社叢学会 副理事長
大阪産業大学大学院教授
前迫 ゆり

戦後、里山が放置されるようになって管理されないために、モウソウチク（孟宗竹）林が徐々に面積を広げています。一方では、人が山に入らなくなったこともあって、ニホンジカが増えて里山の植生に大きな影響を与えるようになりました。このことは社叢においても同じで、両者の脅威にさらされています。

モウソウチクは江戸時代に中国から移入され、材として有用であり、タケノコ（筍）を食用として利用できるため、各地の里山に植えられました。しかし、近年、その需要が減り管理放棄されたために、モウソウチク林が拡大してきています。モウソウチクは生育が良ければタケノコから一気に十五メートルまで生長。その上、常緑なので密生すると下層に光が当たらなくなります。そのため、それより低い植物は生育できなくなってしまうのです。

モウソウチクが影響した事例は

モウソウチク林の里山への影響を調べるため大阪府吹田市千里ニュータウンのモウソウチク林を調査したことがあります。千里ニュータウンは昭和四十年頃から大規模な開発が始まり、里山が分断され、細切れに残るようになりました。この地域の里山にはアカマツ（赤松）林やコナラ（小楢）林が発達していましたが、モウソウチク林も多く存在。この竹林が残されたアカマツ林やコナラ林に侵入して勢力を拡大しました。

竹の密度と竹林に出現する植物の種数は密度が高くなると種数が減ることが明らかになりました。竹より樹高が高い樹木は残りますが、それ以下の樹木は枯れてしまいます。とくに夏緑樹の低木は顕著で、密度が七五％以上になるとほとんど生育

兵庫県西宮市・日野神社の社叢に侵入するモウソウチク林（平成21年３月　武田義明撮影）

できません。常緑樹の低木も夏緑樹ほどではありませんが、かなり少なくなります。要するに竹が密生すると他の植物がすべてなくなってしまうということで、それらの植物を食べていた昆虫や動物もいなくなり、生物多様性が大きく低下することを意味するのです。

兵庫県西宮市の日野神社の社叢は昭和四十六年に兵庫県の天然記念物に指定されました。クスノキ（楠）、クロガネモチ（黒鉄黐）、アラカシ（粗樫）が優占する常緑樹林で、二百種を超える植物が生育しているといわれています。しかし、境内の隅に植えてあったモウソウチクが繁殖し、社叢まで入り込み、社叢の植物を駆逐するようになりました。

平成二十一年頃からボランティアによる駆除活動が始まり、今では社叢内のモウソウチクはなくなりました。天然記念物に指定されているような社叢は自然性が高いのですが、植物は年々変化していくので、その見守りと管理は欠かせません。氏子だけでなく社叢の状態がわかる社叢インストラクターやボランティアと連携することも必要でしょう。

獣類による影響　行政と連携必要

一方、ニホンジカの対策を社叢単独でおこなうことはかなり難しいといえるでしょう。シカの植生に対する影響の全国アンケート調査をおこなったところ、およそ十年前と比べて影響が増大している傾向が得られました（図参照）。

シカ個体群の採食影響を受けると、短時間で生物多様性が劣化し、森林更新が進まない、といった現象が生じることに。さらにシカの密度が高い場合には、土壌侵蝕や斜面崩壊が発生することもあります。

ニホンジカ及びイノシシについては、急速な生息数の増加や生息域の拡大により、捕獲による個体群管理が不可欠となっています。このため、環境省と農林水産省は平成二十五年十二月に「抜本的な鳥獣捕獲強化対策」を取り纏め、「ニホンジカとイノシシの個体数を令和五年度までに半減させること」を捕獲目標としました。たとえば社叢を柵で囲うといった「防鹿柵」の設置はシカ対策として有効ですが、長年に亙って防鹿柵を維持管理することはたいへんな経費とエネルギーを必要とします。シカやイノシシ、さらには外来種のアライグマなどの獣害対策は行政と連携しながら地域で取り組むことが不可欠といえるでしょう。

社叢は「ＳＤＧｓ」や「生態系サービス」の視点からもきわめて重要な存在であることはいうまでもありません。地域固有性の高い社叢は、人間の生存基盤でもあり、生物多様性の豊かさにも繋がっています。

春日大社の神域　御蓋山の社叢は

シカの影響を長期間に亙って受けている社叢の代表は、奈良・春日山

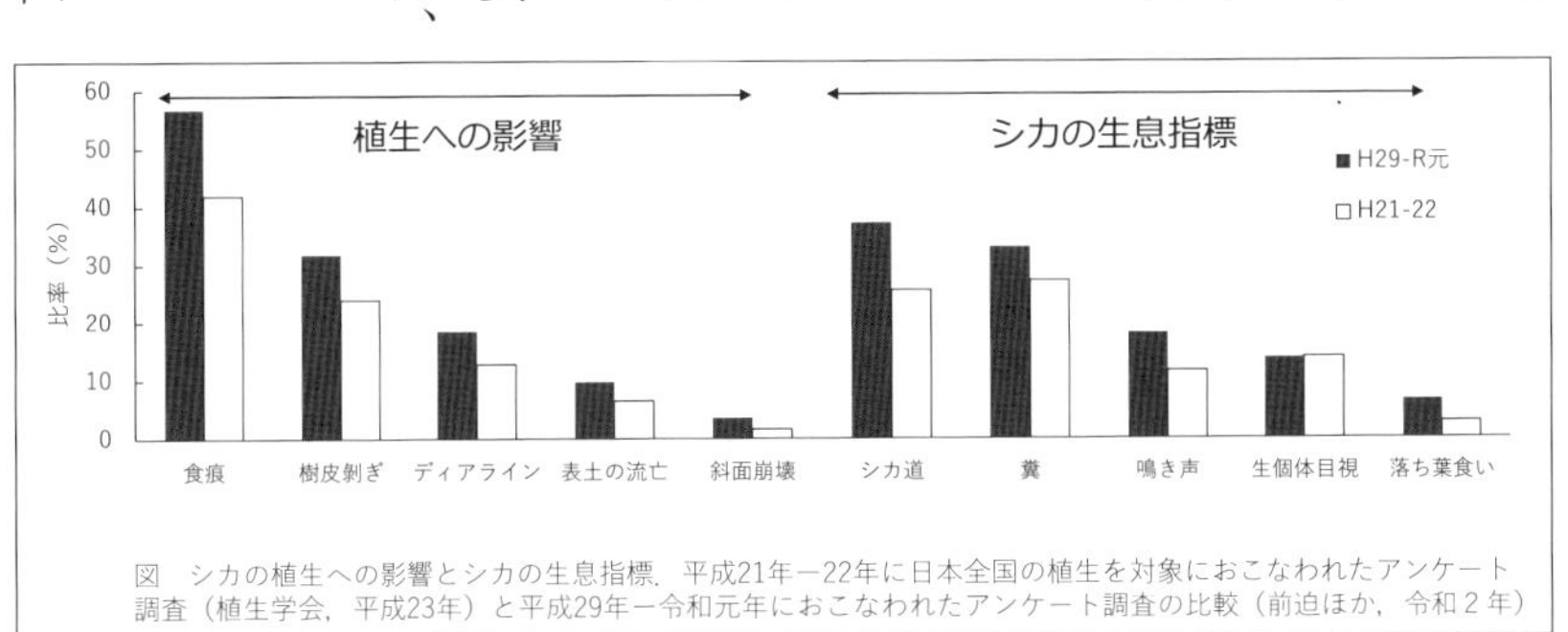

図　シカの植生への影響とシカの生息指標．平成21年－22年に日本全国の植生を対象におこなわれたアンケート調査（植生学会，平成23年）と平成29年－令和元年におこなわれたアンケート調査の比較（前迫ほか，令和２年）

原始林と御蓋山ではないでしょうか。御存じの通り、御蓋山は春日大社の神域であり、神奈備とよばれる美しい姿をしています。その後方（東方）には扇を広げたように特別天然記念物である春日山原始林が。この景観は地域の要ともいえるものです。なかでも春日山原始林は文化と自然が育んだ貴重な森ですが、シカの影響によって次世代の森は危うい状況となっています。

御蓋山の「春日神社境内ナギ樹林」は天然記念物に指定されています。この樹林は献木されたナギ（梛）が出発点ですが、天然記念物でもある「奈良のシカ」がナギを食べなかったことから、数百年という長い時間をかけて、もともと成立していた照葉樹林が常緑針葉樹のナギ林に置き換わりました。シカはシイ（椎）・カシ（樫）類の

御蓋山の森を歩くシカ（令和４年２月　前迫ゆり撮影）

実生を食べますが、ナギは食べないことによってナギの森に遷移したと考えられます。この驚異的な森林生態系の変化は世界でも類をみないものです。温暖多雨な気象条件下において、シカの影響を受けたことによって成立するナギ樹林は、天然記念物としての価値を有するものです。その一方、シカは森を大きく変化させることを実証しています。

増えすぎた野生動物との共生や、拡散したタケの管理は一朝一夕に解決しない課題です。未来に繋いでいくべき大切なものは何かを問いながら、自然と向き合うことが重要なのだと思います。

樹林の類型から見る鎮守の森の見方と課題

NPO法人 社叢学会 理事
千葉大学大学院客員教授

賀来 宏和

『延喜式』の九巻、十巻の「神名」に収載された式内社については、伊勢国の二百三十二社、大和国の二百十六社を筆頭に、出雲、近江、尾張などに偏りはあるものの、鎮座地は編纂当時の朝廷の力が及ぶ土地に分布しています。これら以外にも、北は北海道から南は沖縄までの、参拝した全国の神社の様子を加えて、鎮守の森の一般的な印象をまとめてみましょう。

鎮守の森は禁足地が存在することや、社叢もしくは単体の御神木などが天然記念物等に指定されていることから、手付かずの太古の森が更新を繰り返して継続しているように理解される傾向があります。結論から申し上げれば、こうした理解はほぼ間違いであり、たとい禁足地などとされる場所であっても人の手が入った森であるというのが私の実感です。

このような人の手による鎮守の森の時代的変容については、小椋純一先生（京都精華大学教授）の中世以降の神社林の変容に関する調査研究でも明らかですし、人文分野においても井上満郎先生（京都産業大学名誉教授）が歴史上も人が社叢に立ち入ってきたことを古文献により

宮城県石巻市・久集比奈神社

明らかにされています。式内社自体も、自然の災害や人為的な利便性のために遷座している事例も多く、この意味でも太古の森がそのまま継承されている訳ではないといえるでしょう。

一方、全国に鎮座する数多い鎮守の森を総体的に俯瞰すると、鎮座地の気候特性に沿った樹種がかなりの頻度で出現し、鎮座地周辺の樹林地や山林などと比較しても、人が接することのできる森であるにも拘らず、比較的自然性が高く、郷土の自然における一つの指標となる鎮守の森が多いように感じます。さればこそ、社叢が自治体や国によって天然記念物等に指定されていると考えられます。

つまり、鎮守の森とは、神々への祈りの中で、霊性の籠る場所として残され、守られ、育てられてきた森といえるのではないでしょうか。

神社の樹林地構成　三つの類型に分け

本書籍の八頁掲載「神社のたたずまい」で薗田稔先生は、「鎮守の森であれば、神の鎮まる禁足地、千古斧入あらざる杜」という観念が薄れて、社殿の造替やその費用に充てる経済林としての利用が当然とされるようになったことに言及。また、ただ神社の風致林としてしか認識しないようになって久しいとし、「神社のたたずまいは、古来の風水への畏敬を守るからこそ真に現代的なのである」と結語されています。

この御指摘を念頭に置きつつ、現実の鎮守の森を概括すると、確かに現在の鎮守の森は大きく三つの類型の樹林地で構成されていることがわかります。

第一の類型は、本来の神々の鎮まる森の要素で、現在でも禁足地などとして境内域の中でも自然性が高く、一般的には自然の森と理解されている樹林地です。これとてまったく人の手が入っていないという場所は稀有であり、樹林地の変容もあることは述べた通りです。

第二の類型は、まさに経済林としての要素であり、用材として利用が可能なスギ（杉）・ヒノキ（檜）などで構成される樹林地です。本来は用材としての将来の利用を考慮して植栽されたものですが、時を経るに従い、現在ではそれ自体が鎮守の森の一つの一般的な印象を作り上げているともいえます。

第三の類型は、社殿などの建築物や参道周辺などに見られる修景的な要素の樹林地です。園地としての植栽や参道脇の列植のスギなど、さらには御祭神などとの関連で設けられた観賞を主とする庭園の植栽などが挙げられます。また玉串に使用するためのサカキ（榊）、ヒサカキ（柃）などの植栽もそれに分類することが妥当でしょう。

実際の鎮守の森は、それぞれの神社によって構成比率は異なるものの、この三類型の要素の樹林地が、組み合わさり成り立っていると考えられます。前述のように、鎮守の森は人を寄せ付けない森ではなく、霊性のある場所として残され、守られ、育てられてきた森。従って、放置しておけば良いというものではなく、三つの要素の樹林地の形態に応じて、適正な維持管理や保全継承を図ることが重要です。

樹林地の存続には課題も複数抱えて

ここで実際の鎮守の森でみられる課題を数点まとめておきます。

第一類型の樹林地でみられる課題の一つは、特定植物の繁茂です。とくに、タケ（竹）類の侵入は多くの鎮守の森で見受けられます。タケは神事にも利用される有用材ですが、一方で人の手による管理を最も必要とする植物の一つ。同様な問題として、シュロ（棕櫚）類や外来植物で繁茂しやすいトウネズミモチ（唐鼠黐）、ハリエンジュ（針槐）なども見受けられます。また、特定外来生物に指定された植物の侵入についても注意が必要かと思います。

第二類型の樹林地でみられる課題の一つは、経済林としての管理作業がなされていないことです。氏子さんなどの高齢化、また経済的価値の低下によって、本来、間伐などの撫育をすべき樹林地が放置され、小径木が林立し、根茎の発達が不十分なために、台風等で倒木している事例を見かけます。

三つの類型の樹林地に共通する課題としては、病虫害への対応不足が挙げられます。時折見かけるのが、茸が露出した御神木。茸が生える状態は樹体の腐朽がすでに進んでいることを示しますので、倒木の危険性があります。また、近年ではカシノナガキクイムシによるナラ(楢)類、カシ(樫)類への被害、クビアカツヤカミキリによるサクラ(桜)類への被害、ウメ(梅)輪紋ウイルスによるウメ類の被害など、特定の樹種に一斉に発生する被害も増加。これらの場合には、樹木医などによる診断と処置をおこなう必要があります。

さらに都市部の鎮守の森では、樹木の繁茂や落葉に起因する近隣地からの苦情の問題も。苦情に対応するため、樹林一帯に強剪定がなされた鎮守の森を見かけることがあります。樹木は地上部の幹・枝・葉と根系のバランスによって樹体を支えています。往々にして切り詰めの強剪定はこの調和を崩し、倒木の危険性を増すことがあるので要注意です。

人々が手を携えて守るべき鎮守の森

鎮守の森は人の手により守り、育てる森です。自然を畏れ、自然の恵みに感謝する象徴的な場としての鎮守の森は、今後の環境時代の中で自然と人の関わりの指標としても一層の意味合いを高めていくことでしょう。このためにも日頃より氏子さんや地域の人々の関心や興味を高め、ともに管理や継承の方法を考え、対応していくことが大切であると考えます。時折、境内の樹木に樹木名の名札が付けられているのを見かけます。このようなことも鎮守の森に関心を持ってもらう一つのきっかけになると思います。

生物多様性保全と社叢—南方熊楠が守ろうとした森の価値—

NPO法人 社叢学会 理事
元千葉県立中央博物館生態・環境研究部長
原 正利

人新世という地質時代区分が提案されるほど、地球環境に及ぼす人類活動の負荷が強まり、地球環境が危機的な状況に陥りつつある現在、生物についても多様性の保全が大きな課題となっている。本来、日本は豊かな生物相に恵まれた国で、維管束植物に限っても約七千三百種が生育し、二千六百種あまりが日本にしか見られない日本固有種だとされている。しかし、現在ではそれらの日本に自生する植物のうち、約四種に一種が絶滅の危機に瀕している。なぜ、これほど多くの植物が絶滅の危機に瀕しているのか。その原因として森林の伐採や生息地の破壊・改変、園芸目的の採取、雑木林や草地の管理放棄に伴う遷移の進行、気候の温暖化など、さまざまな人為的影響が指摘されている。

社叢の生物観察者南方熊楠

社叢（神社や寺院の森）と生物多様性の保全の関係を考える時に、まず想起されるのは博物学の巨人とも言われた南方熊楠のことである。南方熊楠は、明治時代末期から大正時代前半にかけて吹き荒れた神社の合祀とそれに伴う社叢の伐採に反対し、強力な論陣を張ったことで知られる人物。民俗学者としても知られる熊楠だが、神社合祀への反論では、主に植物学の立場から論陣を張り、当時、まだ日本ではほとんど紹介されていなかった生態学ｅｃｏｌｏｇｙを植物棲態学（生態学）あるいは植物住居学と呼んで紹介し、伐採を禁じることで保たれてきた社叢の自然を守ることの重要性を説いた。

熊楠らの活動もあって、神社合祀の嵐が終息に向かったのが大正七年。植物学者の三好学の提案に基づく「史蹟名勝天然紀念物保存法」が帝国議会で制定され、日本の天然記念物行政が始まったのは、その翌年の大正八年であり、熊楠の活動は、文字通り日本の自然保護・生物多様性保全の先駆者と呼ぶにふさわしいものであった。

熊楠が、これほど強力に社叢保全の重要性を力説できたのは、何よりも粘菌、菌類、藻類などさまざまな微小生物の研究者として、毎日のように社叢の生物の観察を繰り返し、その貴重性を肌身に感じていたことによるのだろう。おそらく現在まで、熊楠ほど濃密に社叢の生物の観察を続けた人物はいない。

熊楠が住んでいた和歌山・田辺近郊の猿神社の森は、そのような観察場所のひとつであった。森の伐採計画の反対理由としては、境内に生育する一本の楠の樹上には、熊楠が採取しただけでも七十種にのぼる隠花植物（シダ〈羊歯〉植物や蘚苔類、菌類、粘菌類など）があり、中にはプチコガストルという粘菌の珍種や、アーリシア・グラウカという粘菌の新種が見られることを挙げている（残念ながら結局、この森は伐採されてしまった）。これほど詳細かつ正確な生物多様性の説明が可能だったのは、まさに熊楠ならではで、社叢の生物観察者としての面目躍如といえるだろう。

社叢の特徴が示す自然本来の姿

現在の日本の植物多様性の危機について、絶滅に瀕している種には草原性や明るい森林を好む種が多いことから、生活様式の変化に伴って、人々が里山の雑木林や草地を利用しなくなったことが最大の原因とされている。一方、社叢は原則的に手を付けず、樹木の伐採などは極力おこなわないことが管理上の特徴であり、雑木林や草地とは対極的な存在とされる。そのため、どちらかと言えば暗く湿った環境条件を好む植物が生育し、自然性の高い発達した森林が残されていることが特徴である。

このような社叢の特徴は、人間活動の影響が今日のように強くなる以前の、地域本来の自然がどのようなものであるかを知る基準であり、将来、どのように自然を守っていけばよいかを考える道標でもある。社叢の生物多様性は、雑木林や草地の生物多様性とは大きく異なるもので、両者があって初めて地域の生物多様性全体を保全することができるといえよう。

生態系としての社叢の特徴のひとつは土壌にある。社叢は手を入れないため、落葉が厚く積もり、ふかふかとした栄養分に富む土壌が形成され、湿度の高い環境条件が維持されている。ここには、雑木林や草地には見られないさまざまな菌類、粘菌や微小な土壌動物が生育し、森の樹木の生長を支えている。

社叢と里山の生きものの関係

例えば、関東以西の社叢にはシイ（椎）やカシ（樫）類といったブナ（橅）科の常緑広葉樹が多く生育しているが、これらの樹木は根の部分で、外生菌根菌と呼ばれる菌類（テングタケ〈天狗茸〉やイグチ〈猪口〉の仲間など普通に見られるさまざまなキノコ）の菌糸とつながり、共生関係にある。菌は樹木が土壌中の水分や養分を吸収することを助け、樹木は光合成によって作り出した炭水化物を菌類に供給して、その成長を助けている。つまり、両者の共同が森の生態系を作っているのだ。

大木の存在も社叢の大きな特徴で、生物多様性の保全上、重要な存在である。その理由としてまず挙げられるのが、熊楠が観察したように、樹上にさまざまな着生植物、菌類、粘菌、藻類などが生育すること。絶滅に瀕している稀少なラン（蘭）やシダ植物には、湿度の高い樹上に着生して生育する種類が多く、大木が失われれば同時に消えてしまう存在である。

また、大木の幹には洞（うろ）が形成されることが多い。この洞も、生態系の中で重要な機能を果たしている。例えば、洞にはフクロウ（梟）やアオバズク（青葉梟）などの鳥類やリス（栗鼠）、ムササビ（鼯鼠）などの哺乳類が営巣する。これらの鳥類や哺乳類は、里山の生態系の食物連鎖の最上位に位置する生物で、里山の生態系が安定して続いていくことに貢献している。

一方、これらの鳥類や哺乳類の生存には、その餌となる里山の生物が豊かであることが必要だ。これらの鳥類や哺乳類は〝生態系の傘〟という意味でアンブレラ種と呼ばれ、生態系の健全さを示す指標とされている。すなわち、アンブレラ種の保全を図ることが、里山の生態系全体の保全につながる。

大木の洞には、ニホンミツバチ（日本蜜蜂）が巣を作ることもある。ミツバチは、自らの餌として花々から蜜や花粉を集めて回るだけでなく、花から花へ花粉をつけて回る媒介者（送粉者あるいはポリネーターと呼ぶ）とし

千葉県印西市の松虫寺・松虫姫神社の門前にあるスダジイの大木。幹の中心は洞となり、ニホンミツバチが営巣していた

てとても重要な生物で、野草ばかりでなく里山の果樹や野菜にも豊かな実りをもたらす存在である。

一方、ミツバチは、寒い冬の短い期間を除けば、ほぼ一年中、生きるために蜜や花粉を集めて回る必要があり、そのためには里山の植物相が豊かに保たれ、さまざまな花が次々と咲き継いでいくことが必要である。社叢の森は、人ばかりでなく、里山の生態系においても拠点であり、さまざまな生物をつなぐ存在なのである。

鎮守の森の自然性評価

NPO法人 社叢学会 理事
兵庫県立南但馬自然学校学長

服部 保

森の自然性

鎮守の森の自然性は、原生状態に近い自然林から準自然林、半自然林、人工林とさまざまであり、遷移段階も極相から前極相、途中相、初期相まで多様である。このような森の現状、自然性を十分に調査した上で、今後鎮守の森をどのようにして保全・維持してゆくのかを検討するのが望ましい。

森の自然性を評価する方法としては、植生調査がもっとも適している。しかし、植生調査には専門的な知識も必要なので、まず第一段階として、市民によって実施できる植物相調査による森の自然性評価を考えてみたい。

鎮守の森の植物相調査とは森に生育している植物の目録を作成することである。外来種も含めて、正確な植物目録が作成できれば、その目録の内容をもとに鎮守の森の自然性が評価できる。

種数による自然性評価

植物相目録によって評価する項目の一つは、「種の量」、つまり種数である。当然、種数が多い森ほど自然性は高いことになるが、外来種や二次林（原生林が伐採や山火事等によって破壊された後、自然または人為的に再生した林）性の種の数が多くても森の自然性は高いとは言えない。鎮守の森として、あるべき植生は照葉樹林なので、種数で森を評価する場合、照葉樹林を構成する種を対象にする必要がある。

国内に分布する照葉樹林構成種数は、報告によると千六十四種。また、良く保全されている照葉樹林ほど、森の面積が大きいほど、照葉樹林構成種数は多いことが明らかにされている。したがって、照葉樹林構成種の種数をもとに、いくつかの森の相対的な自然性の評価ができる。ただし、照葉樹林構成種は、図1に示したように、沖縄県五百八十一種、鹿児島県四百五十九種、岩手県五十八種、青森県三十九種と気温の高い地域ほど分布種数は多くなるので、広い地域間（各都府県間）の森の自然性を評価する場合は、各々の地域の潜在分布種数（図1の各都府県の種数）に対する各森の種数の比率が自然性の評価指標となる。

兵庫県の二百余（にひゃくよ）神社と八坂神社を例に挙げると、兵庫県の種数が二百七十四種、二百余神社と八坂神社の種数が各々六十三種と四十七種で、比率は各々〇・二三と〇・一七となる。宮崎

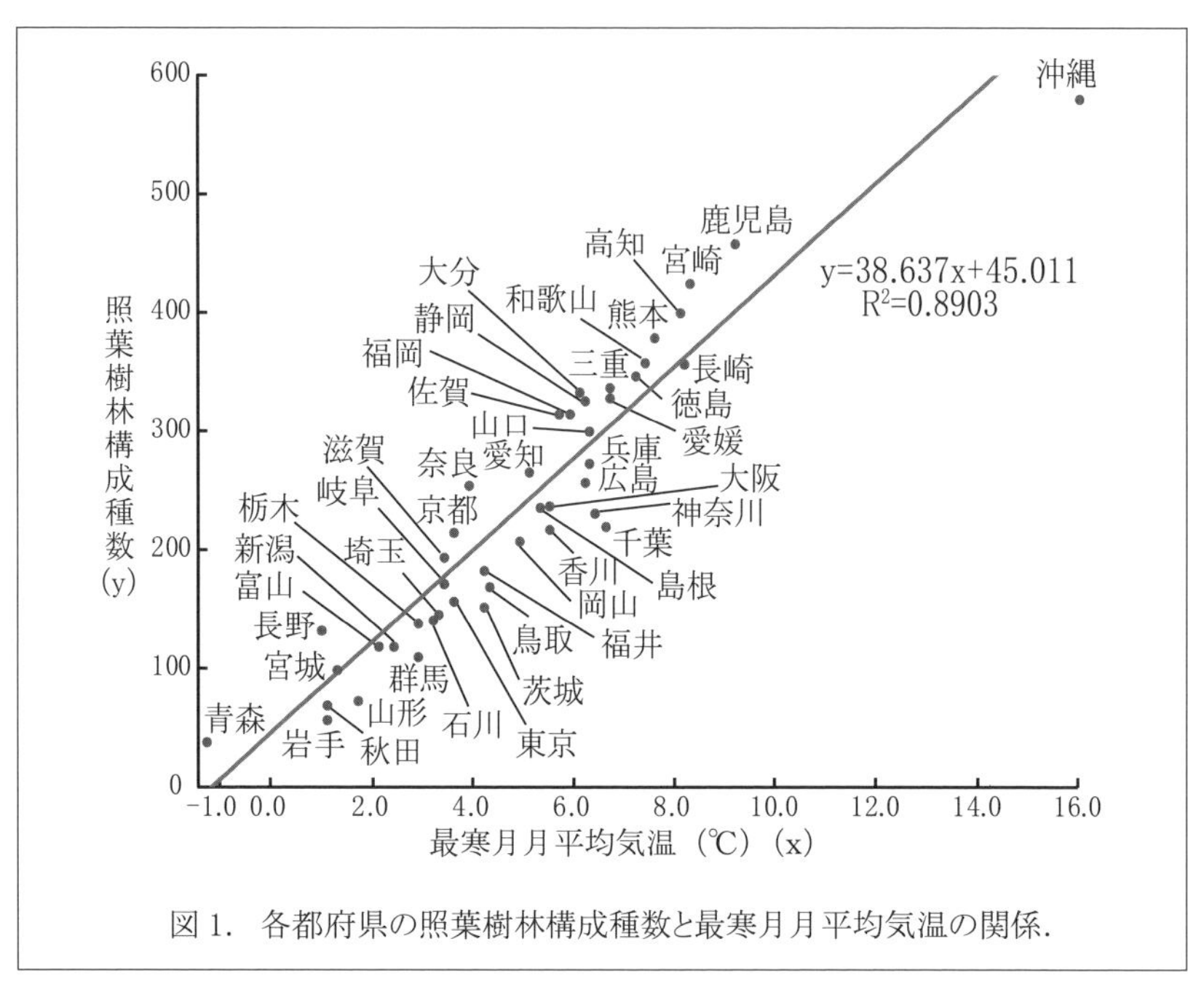

図 1．各都府県の照葉樹林構成種数と最寒月月平均気温の関係．

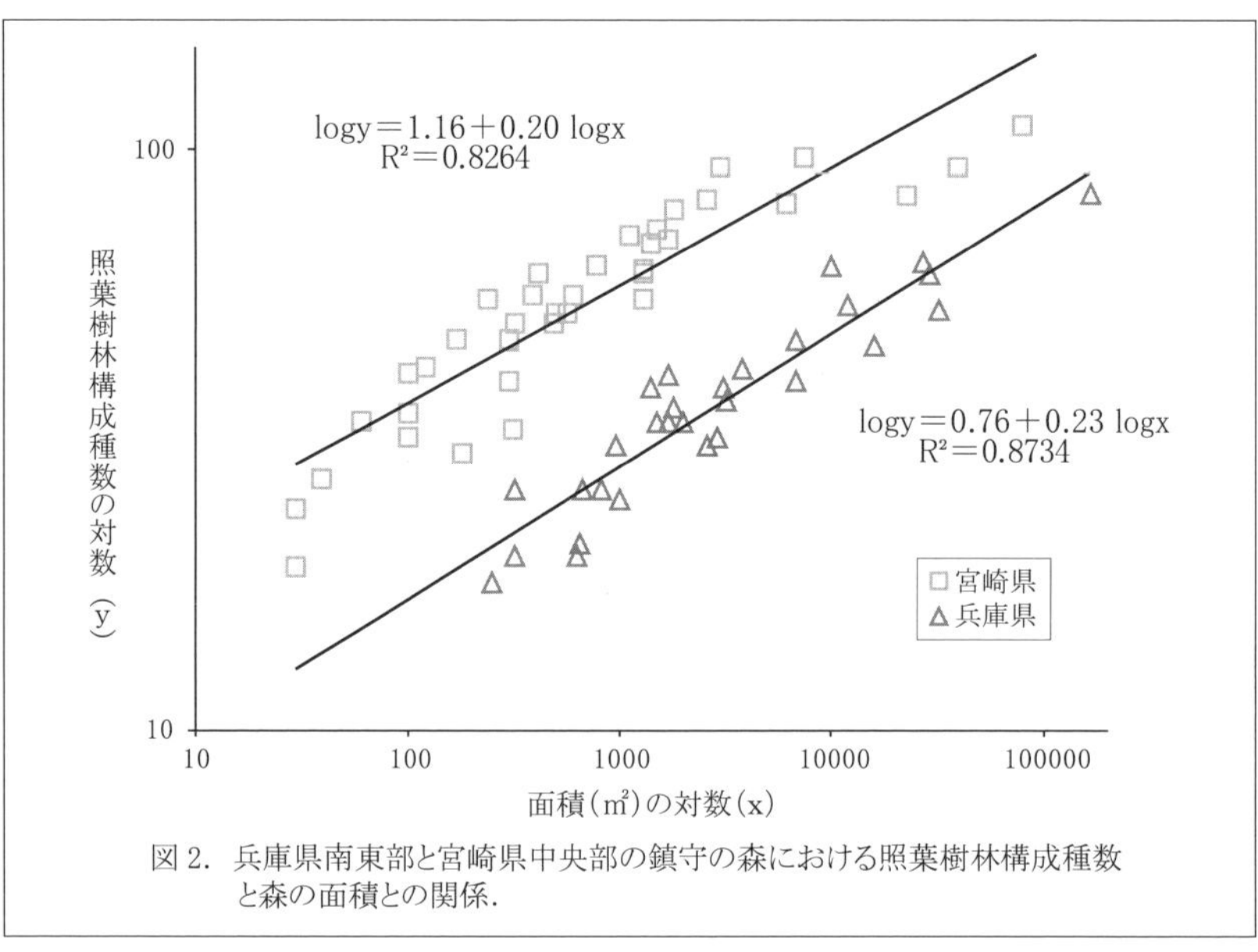

図 2．兵庫県南東部と宮崎県中央部の鎮守の森における照葉樹林構成種数と森の面積との関係．

県の藤宮神社と今泉神社では、宮崎県の種数が四百二十七種、藤宮神社、今泉神社の種数が各々二十七種と九十七種で、比率は各々〇・〇六と〇・二三。これらの森の自然性を比率によって順位付けすると、二百余神社と今泉神社が一位で、次いで八坂神社、最後に藤宮神社の順となる。

両県の例では比率〇・二五以上であれば自然性は高、〇・一から〇・二五で中、〇・一以下は低と認められる（落葉樹の優占する千四百平方メートルの里山林〈二次林〉の場合、数値は〇・〇四程度）。

種数と森の面積の関係

森の種数には自然性だけではなく、森の面積も関係している。図2は兵庫県と宮崎県における鎮守の森の種数（照葉樹林構成種数）と面積の関係を示したもの。同じ面積に対する種数は、潜在分布種数の多い宮崎県の方が多いが、両地域ともに地域内では種数と面積に高い相関があり、各々回帰式で両者の関係を示すことができる。各々の地域において、森の種数と面積の資料がたくさん得られると、両者の回帰式が算出できる。この式より各々の森は、面積を基準として、面積の割に種数が多いか、少ないか（自然性が高いか、低いか）を評価できる。

種の内容で自然性評価

評価する項目のもう一つは、「質」、つまり種の内容である。照葉樹林構成種であってもヤブツバキ（藪椿）やヒサカキ（柃）のように普通に見られる種とフウラン（風蘭）やエビネ（海老根）のような絶滅危惧種とでは重要性が異なる。同じ種数でも絶滅危惧種が多い森の方が自然性は高い。

絶滅危惧種については国（環境省）以外に各都府県で指定しているので、それらを参考に森の絶滅危惧種の種数を調べ、その種数を自然性の評価に用いることもできる。絶滅危惧種の種数の中には照葉樹林構成種以外の種を含めても良い。照葉樹林構成種数が少なくても絶滅危惧種の多い森は自然性が高いと評価できる。

近年、絶滅危惧種を含む割合が高い腐生植物が森で発見されるようになっている。今まで各々の森で分布の確認されていなかった種が、新たに発見される可能性があるので、季節を変えて詳細な調査をおこなってほしい。

森の自然性評価について、概要を述べただけなので十分説明できていない点が多いと考えられる。植物相調査をおこなって、不明なことがあれば、社叢学会に相談することをすすめたい。できるだけ調査に協力いたします。

森は動く──社叢の順応的管理──

NPO法人 社叢学会 副理事長
大阪産業大学大学院教授

前迫 ゆり

生態系サービスもたらす社叢は

地域のなかに息づく社叢の意義は、本書でもさまざまな視点から論じられており、ここで改めて語るには及ばないだろう。文化を基盤として森林が成立している「社叢」は、生態系からみた場合にも、人間にさまざまな恵み、すなわち「生態系サービス」をもたらす存在である。たとえば大気汚染や騒音の低下、都市部のヒートアイランド現象の緩和、気候変動の抑制、自然災害の軽減といった「調整サービス」は、社叢が有する生態系サービスのひとつである。

社叢はいうに及ばす、さまざまな神事に用いられる植物、社殿前の一対の樹木もまた、人間が精神的、審美的、心理的な影響をうけることから、「文化的サービス」のひとつである（写真1）。文化的サービスはとくに神社および社叢が有する卓越したサービスといえるだろう。

また社叢があることによる動植物の生育・生息の場の提供、光合成によってもたらされる酸素供給、水源涵養機能といった「基盤サービス」、檜皮や建築材が生産されるといった「供給サービス」もまた生態系サービスのひとつである。社叢はわれわれが生きていく生存基盤の一端を担っているといえるだろう。

自然と人により社叢は育まれて

社叢には、面積が大きいものから小さいものまでさまざまある。しかし面積に関係なく、地域固有性を育む森として、社叢は生物多様性の保全に寄与している。奥山から都市部にいたるまで、良好な景観や生態系機能を発揮する地域、すなわち環境省が提案する「ＯＥＣＭ」(保護地域以外で生物多様性保全に資する地域)の一翼を担う森として今後、多くの社叢がＯＥＣＭに認定されるであろう。しかし都市部に位置する社叢は周囲の環境によって、縮小や伐採、あるいは改変せざるを得ない側面もある。

千本鳥居で知られる伏見稲荷大社(京都)は子供の頃から何度も訪れた神社で

写真１　伏見稲荷大社の茅の輪（令和４年６月撮影）

ある。社叢はコジイ（小椎）が優占する常緑広葉樹林（二次林と考えられる）、竹林、スギ（杉）・ヒノキ（檜）人工林などからなるが、この神社は鴨川や東高瀬川の氾濫原に位置することから、標高百メートルあたりまでかつてはイチイガシ（石櫧）が優占する常緑広葉樹林が成立していたと考えられる。

現在、そのあたりには植栽されたクスノキ（楠）やコジイが多い。しかし、よくみると個体数は少ないもののイチイガシ、ナナメノキ（斜木）、エノキ（榎）、ムクノキ（椋）といった沖積立地に生育する樹木が高木に達しており、この地域の自然環境を反映している（写真2）。

写真２　伏見稲荷大社の社叢に生育する高木のイチイガシ（令和４年６月撮影））

その一方、「神社・社叢は人間との有機的関係においてこそ意味をもつのであり、社叢は多くの人が接触し、立ち入った後の〝今〟である」という井上満郎元社叢学会副理事長の指摘（社叢学研究、平成二十五年）にあるように、人の森林への関わりが、社叢を〝今〟に育んでいる。人に育まれながら、社叢には確実に自然の挙動が息づいている。

春日山原始林のゆっくりな動き

著者が長年、調査している春日山原始林は、日本でわずか一・六%しか残されていない暖温帯の照葉樹林（常緑広葉樹林）が残されている。「学術的にもまた民俗の生きている遺産としても貴重なものであり、自然を記念するものとして」特別天然記念物に指定されている（奈良市史、昭和四十六年）。この森には春日大社の末社が複数あることから社叢でもある。

この森のイチイガシ、コジイ、アカガシ（赤樫）など、常緑広葉樹のブナ（橅）科の実生（種子から発芽した植物）はシカ（鹿）に採食されるため、森林更新（親木の子供となる実生が育つことによって次の世代の森が再生されること）が阻害されている。近年、大型台風が頻繁であるが、森林にとって重要なことは、台風などで高木が倒れた場合や、虫害で高木が枯死した場合にも、つぎの世代の樹木が生長し、森林として再生されることである。

仲（昭和五十七年）の研究によると、春日山原始林の森林回転率は百八十年とされる。ひじょうに長い時間をかけて森林はゆっくり動いている。一方、里山は木を活用するための森であり、まさに人が関わって森が再生するため、森林回転率は数十年と短い。森林更新の時間的長さは森と人の関わり方によって異なる。

春日山原始林は、地形的に谷と尾根が比較的狭い範囲で繰り返し、水系が発達しているため、森林には時折、霧が発生する。その影響で樹木（とくにカシ類）にはラン科植物やシダ植物が着生している。この森林に自動撮影装置を設置すると、シカはもちろんのこと、ムササビ（鼯鼠）、キツネ（狐）、アナグマ（穴熊）、ノウサギ（野兎）といった小動物が写る。社叢が有する生物多様性は樹木にとどまらず、小動物、鳥類、昆虫類などが生息する場として森の豊かさにつながっている。

社叢を育むための順応的管理とは

先に、「森は動く」と述べたが、面積が小さい社叢では自然のサイクルにまかせて森林更新することは難しい。そのような場合には、地域の気候条件にあった種（親木）から種子をとり、播種、育苗し、社叢を育むといった人による「順応的管理」が必要になる。

順応的管理について、教科書的に説明するならば、「森林管理の計画が必ずしも計画通りに進まないことをあらかじめ想定し、継続的なモニタリング調査とその検証をおこないながら、計画変更も視野にいれてモニタリング調査と検証をおこなう」手法である。その計画は地域の生態系に即したものであるべきだが、同時に、「社会（地域）の合意形成」をはかりながら管理する要素が極めて重要なものとなる。

東北地方で壊滅的なダメージを受けた社叢を再生する際、タブノキ（椨・クスノキ科）に代表される常緑広葉樹の森を再生するのか、潮風に強いクロマツ（黒松）林を再生するのか議論された。まさしくその議論と植栽後のモニタリング調査の継続が順応的管理といえるだろう。

本書百八十二頁「女性宮司の社叢再生の足跡」において八重垣神社（宮城県）再生の軌跡を紹介しているが、流されなかったクロマツが空に向かって凛とたっている姿に神々しさを感じる(写真3)。この一対のクロマツはまさに「文化的サービス」を発揮しているといえよう。

その一方、ボランティアの人々が集まって植栽活動がおこなわれた、多種多様な常緑広葉樹や落葉広葉樹からなる「鎮守の森」もまた良好な生長を続けており、その生長と人々の汗に感銘を覚える。どのような社叢を育むのか、社叢に対する人々の想いが未来への鍵を握っている。

写真３　平成29年に再建された八重垣神社（宮城県）の社殿と流されずに残ったクロマツ。社殿後方と両側には24年に植栽された多種多様な常緑広葉樹と落葉広葉樹からなる「鎮守の森」が良好な生長を続けている

景観生態学から見た倒木

ＮＰＯ法人 社叢学会 副理事長
京都大学名誉教授・京都市都市緑化協会理事長
森本 幸裕

巨木は心に染みます。風雪に耐えて形成された風情はインスピレーションの源泉です。枝が折れて腐朽が進み、幹に樹洞ができ、いつかは倒れる時も来ます。しかし樹洞にはアオバズク（青葉梟）やムササビ（鼯鼠）が営巣し、落葉・落枝は昆虫やきのこ等の資源になります。一方で、樹洞は倒木の原因にもなります。倒木が人命・財産に損害を与えると、たいへんです。巨木の風情を継承するのか、大枝を切除するのか、社叢を管理する方々にとって悩ましいところだと思います。

特別記念物指定の巨樹・巨木林でも

環境省が幹周り三メートルを超える巨樹とそうした巨樹を含む森の調査を、国の第四回自然環境保全基礎調査の一環として始めたのが昭和六十三年。平成十三年度のフォローアップ調査を踏まえて、六万四千本余りが記録されました。その後、市民調査に移行し、市民の手も借りてデータベースが更新されています。

巨樹・巨木林は、資源や環境価値に加えて、存在そのものに文化財的な価値も生まれます。例えば栃木・日光の杉並木は、特別天然記念物でかつ特別史跡。国が二重に特別記念物に指定している唯一の事例です。しかし、老齢化に伴う衰頽や倒木は避けることができません。そのため、樹木の専門家も加わって保存管理計画が策定され、さまざまな対応も実施されています。しかし隣接する建物に損害がでて、紛争が発生したこともあるのです。

台風に伴う倒木で自宅屋根が壊れた男性が、所有者の日光東照宮を相手取った損害賠償とスギ（杉）四本の伐採を求めた訴訟の一審判決は俄には信じがたいものでした。宇都宮地裁が東照宮に対し命じたのは、損害賠償に加え、なんとスギ一本の伐採。当該建築の際の「倒木等による損害が発生しても賠償請求はしない」旨も記載された文書があったにも拘らず、スギよりも隣接民地の男性の建築の方が尊重されたのです。

その後の控訴審では、平成二十八年に損害賠償とスギの枝下ろしとワイヤによる固定などの内容で双方が合意したのですが、社叢の巨樹・巨木林を継承している人々に大きな警鐘を鳴らす判決でした。つまり、樹木管理者は幹や枝に大きな空洞がないかなどを常に監視して、人命・財産に危険が及ばないように適切な処置をとらないといけないのです。

空洞や倒木なども豊かな自然の一部

巨樹が自然の素晴らしさの象徴であるように、強烈な台風も自然の一部です。昭和九年の室戸台風は京都・賀茂御祖神社（下鴨神社）の社叢、「糺の森」の大半の樹木が倒れるという被害をもたらしました。

平安以前から継承されてきた立派な森ですが、その翌年は大洪水で境内も浸水、その次は大雪と大攪乱に見舞われたようです。十二ヘクタール程の境内にはおそらく二千本程度の林冠を構成する高木が生えていたとみられますが、当時の京都植物園技師だった池田正晴氏が台風の五年後に幹回り一メートルを超える樹木を調べた記録では、なんと九十七本しか残っていませんでした。

しかし、自然には回復力（レジリエンス）があります。京都盆地、山城原野の緩扇状地の河畔林はそのような攪乱に対応して、ムクノキ（椋）やエノキ（榎）、ケヤキ（欅）、アキニレ（秋楡）といふニレ科やアサ（麻）科の落葉広葉樹の適地なのです。事実、またすばらしい森が再生しました。当時の被害があまりに甚大だったので、植林もされました。なぜか、もともと一本もなかった照葉樹のクスノキ（楠）が植えられたのですが、まったく植樹がなくとも、残った樹木が母樹となって河畔林は再生するのです。

室戸台風を生き抜いた樹木はその後、巨樹に生長。しかし私が調べた昭和五十八年には三十三本、平成三年には二十八本となっていました。台風がなくとも、老齢化に伴い光合成で物質を生産する葉よりも、消費する枝や幹の割合が増えて衰頽し、ちょっとした風雨でも倒れてしまうのです。

しかし、大木が倒れた跡地には、光が差し込むので、多様な樹木が芽生えて生長します。倒木によって次世代の多様性と活力が確保されるメカニズムをギャップ・ダイナミクスといいます。だから、原生自然を保護するには、こうしたメカニズムも含めて保護しないといけません。私は、自然公園の「特別保護地区」とは、そういうところだと思っていました。

「糺の森」の巨木倒木あとの「ギャップ」。次世代の多様性と活力の源泉となる

奥入瀬渓流が示唆 自然の保護と管理

しかし平成十五年、青森・十和田八幡平国立公園の奥入瀬渓流の特別保護地区における、天然木のブナ（橅）の落枝による受傷事故をめぐる裁判は、その後の自然保護地の管理に大きな影響を与えるものとなりました。落枝は保護すべき自然現象です。かつ、事故現場は厳密にいうと県が遊歩道敷として正式に国から貸付を受けている土地ではありませんでした。にも拘らず、実質的に遊歩道としていたので管理責任が問われ、国と県に多額の賠償金の支払いを命じる判決が確定したのです。なのでこれ以降は、国や県の担当等がシーズン前に巡回して、特別保護地区にも拘らず、遊歩道の近くの危険木の枝下ろしや伐採をすることになりました。

落枝や倒木事故をめぐる損害賠償訴訟の中には、賠償請求が認められなかった事例もあります。その判断を分けるポイントは、（一）大きな空洞等、明らかに危険な兆候が認められたか、（二）アルピニストのような特別な人ではなく、広く一般に利用されるところか――という点で、（三）台風など通常ではない気象条件――の場合は免責される例も多いようです。

これから望まれる樹木の適切な診断

平成三十年の台風二十一号は、糺の森や京都御苑等、京都の大きな樹木をたくさんなぎ倒しました。しかし近年は予報がしっかりしているおかげで府内での人命被害はゼロ。むしろ、台風は倒木危険のあった樹木をスクリーニングしてくれるいい機会だった、といえば不謹慎でしょうが、台風の一側面といえるかもしれません。

ただ倒木が新たな生態系資源となる自然保護地ならいいのですが、ほったらかしにできないところでは後始末がたいへんです。しかしもっと大きな問題は、これに乗じて大きな木は危ないから切るべし、という風潮が席巻したこと。「予防伐採」という言葉も発明されて、台風には耐えた京都の立派な樹木がたくさん姿を消してしまったのが残念です。

ここに欠けていたのは日常的に樹木を見守る眼と適切な「診断」だと思います。本稿に御興味をお持ちになった方は、社叢学会が運営する「社叢インストラクター」を目指して、身近な巨木の保全に貢献していただけたら幸いです。

（参考文献・森本幸裕「落枝や倒木は邪魔者か―ウィルダネスと管理」、社叢学研究第十七号、平成三十一年）

社叢と人のつながり

吉志部神社の社叢管理と紫金山みどりの会

NPO法人 社叢学会 理事
神戸大学名誉教授

武田 義明

反対運動起こし豊かな自然守る

大阪府吹田市・吉志部（きしべ）神社は千里丘陵の南東部で、紫金山（しきんざん）公園に囲まれるように存在しています。社伝によれば、崇神天皇の時代に大和国の瑞籬から奉遷して祀られ「大神宮」と称したとされています。以降、戦火などで幾度か焼け落ち、その都度再建。慶長十五年（一六一〇）に現在の位置に再建され約四百年間維持されてきて、国の重要文化財に指定されました。しかし、残念なことに、平成二十年に不審火で焼け落ち、現在は新しい社殿が再建されています。

紫金山公園は、面積八・四ヘクタールで北側に約三ヘクタールの釈迦ヶ池が存在しています。釈迦ヶ池を南西方向に横切るように名神高速道路が通っていて、公園を分断しています。公園の南側で吹田サービスエリアに接し、その近くに吹田市立博物館も建設されています。名神高速道路の南側には里山が残されており、そこは紫金山公園の一角となっています。この公園の一部は吉志部神社の借地となっていて、そこには国の史跡である「吉志部瓦窯跡」があります。ここで生産された瓦は平安宮建設のため、淀川を通じて京都まで運ばれていました。

昭和二十三年の空中写真を見ると本地域はアカマツ（赤松）の高木林となっていましたが、昭和三十六年の空中写真では神社の周辺を除き、高木は伐採され、低木林となりました。それ以降、樹木の伐採はおこなわれなかったと考えられ、現在ではコナラ（小楢）、アベマキ（椛）の高木林となっています。アカマツが優占していた時代からコバノミツバツツジ（小葉三葉躑躅）が多かったと考えられ、その花が山を紫に彩ることから、紫金山と呼ばれるようになったといわれています。社殿の後側はコジイ（小椎）の高木林となっていて、面積は狭いですが、昔からあまり伐採されていないことがわかります。

平成元年に吹田市は紫金山公園の総合公園計画を発表しました。これは池を渡る水道橋や噴水など大型の人工物を導入したいわゆる都市型の公園です。そこで、豊かな自然のある紫金山公園を自然公園として残そうと市民が吹田自然観察会を発足し、反対運動を起こしました。市と幾度か話し合い、市が提案を受け入れ、新たに「吹田風土記の丘構想」として進めることとなりました。市はこの構想を市民と共に協議し練り上げ、平成十三年に策定しました。一旦決まった計画を白紙撤回するということは行政としては珍しく、市民の意見を受け入れたということで大きく評価されます。

市民による管理　試行錯誤しつつ

「吹田風土記の丘構想」を策定している間に紫金山公園の植生管理も市民によって始められました。この構想にしたがった管理のために紫金山みどりの会が発足し、筆者も参加するようになりました。管理の目的は里山景観の保全、コバノミツバツツジの保全、生物多様性の保全です。まず、公園の里山部分を保全ゾーン、里山ゾーンに分け、保全ゾーンは自然遷移エリアとして手を入れず自然遷移に任せることとし、里山ゾーンは里山体験エリア、復元エリア、照葉樹林エリアなどとし、コバノミツバツツジの保全は復元エリアが中心となっています。

紫金山公園は長年植生管理をされずにいたためアラカシ（粗樫）、ソヨゴ（冬青・戦）、カナメモチ（要黐）、シャシャンボ（小小坊）、クロバイ（黒灰）などの常緑樹が繁茂して、コバノミツバツツジが被陰され、花が

林床に繁茂するネザサの刈取り

咲かなくなっていました。まず、これらの常緑樹を伐採し、林を明るくすることから始め、その結果、現在ではみごとな花を咲かせるようになりました。

一方で、林が明るくなったためにネザサ（根笹）が繁茂するように。ネザサは常緑であるために密生すると林床まで光が届かなくなり、林床に他の植物が育たなくなりました。現在ではネザサの刈取りも重要な作業になっていますが、ネザサは刈り取ってもすぐに再生するので、毎年おこなわなければならず、かなりたいへんな作業です。その他、林内を散策できるよう散策路の整備もおこなっています。この散策路も、整備してからかなり時間が経ち再整備の必要が出てきました。

管理の甲斐あり景観も変化して

紫金山公園の植生管理を始めて約二十年になりますが、その間にナラ枯れや台風で大きな被害があり、植生もかなり変化した場所もあります。平成二十四年頃からナラ枯れが目立ち始め、平成二十七年にピークとなり、毎年少しは枯れていますが、急激に収まりました。ナラ枯れはカシノナガキクイムシがコナラ、アベマキ、アラカシなどのブナ科の植物に穴をあけて入り、ナラ菌を持ち込み、繁殖させそれを幼虫が食べるのですが、そのナラ菌が木を枯らしてしまう現象です。紫金山公園では千二百本以上の被害がありましたが、幸いにも枯れたのは、約百五十本程です。しかしながら、大径木や二、三本まとまって枯れたような場合は、林に大きな穴が空き、景観的にもかなり変化しました。

平成三十年の台風十八号では、強風による倒木が多く発生し、とくに南斜面での被害が大きく、景観が一変。南斜面の一角にアカマツ林があったのですが、壊滅的な打撃を受けました。このことは林にとっては大きな痛手ですが、コバノミツバツツジにとっては日当たりがよくなったために、一層花つきが良くなりました。

紫金山みどりの会は八月を除いて毎月第二土曜日に活動をおこなっています。午前九時半から午後三時までの作業でしたが、新型コロナウイルス感染症が流行してからは第二土曜日と第四木曜日の二回に分け、密にならないように、半日ずつの作業としています。また、年一回総会も兼ねての懇親会を神社の社務所をお借りして開催していましたが、コロナの影響でこの二年間は開催できていません。

会員は当初四十人ほどで、芦屋市や茨木市の方もいましたが、高齢化が進み、現在は二十人ほどです。当初の会員から多くの方が入れ替わったのですが、年齢的にはあまり変わっていません。今後の会員の獲得が問題となっています。

社叢は地域の自然や景観を守っており、氏子だけではなく、市民も一緒になって保全していく必要があるでしょう。

氏子さんと進める森づくり

ＮＰＯ法人 社叢学会 社叢インストラクター
枚岡神社権禰宜
濵上 晋介

私が大阪・枚岡神社に奉職させていただき九年が経った平成十三年に、「枚岡神社の社叢」が環境省の選出する日本の「かおり風景百選」に認定されました。今考えますと、この時に社叢って何という疑問をもつべきだったのでしょうが、関心が薄かったのか特別何とも思いませんでした。境内一角にある「枚岡梅林」の梅の香りをはじめとする四季折々の社叢の香りが認められて選出されたと説明を聞いて、ただ納得していたと思います。それよりも、大阪は「枚岡神社の社叢」の他に「法善寺の線香」の香りと、「鶴橋駅周辺のにぎわい」として鶴橋の焼き肉の香りが選ばれていたことの方が印象的でした。

この認定により氏子総代たちの境内整備に対する意識が高まり、社叢のより充実を図るため、総代会の中に環境整備委員会が組織され、私は事務局を担当することに。そして、生垣や庭の整備をはじめ石垣の積み直しや橋の架替え工事等をおこなったのですが、社叢を良くするというのはこのような取組みでいいのかよく理解できませんでした。そんななかで社叢学会の存在を知り、その頃タイミング良く社叢インストラクター養成セミナーが開催されるところでしたので、早速申込みをしてセミナーを受講。社叢について学術的なことを学び、植生調査の方法等実践的な経験をすることができました。

まったく知らないことだらけでしたが、社叢を良くするためにはこれだと思いました。潜在的自然植生を理想としつつ、現存の木本・草本・苔や菌類・微生物・動物・昆虫・土壌・水・風・空気・日光など森に係るすべての調和を大切にしていきたいと考えるように。現実問題なかなか思うようにはいきませんが、自分の中でテーマが定まりました。

社叢を守るべく　さまざま学んで

セミナーでの経験を活かそうと、平成十五年秋に植生調査をおこなうため、山に入ると驚かされました。昭和五十七年七月の土砂災害によって荒廃した森の状況を見たからです。崩壊跡地が複数カ所あり、そこには樹木はなくササ（笹）とツル（蔓）植物が蔓延し、周辺の樹木の樹冠を広範囲に覆っていて、森林内は真っ暗な所ばかり。植生調査どころではないと、職員でササとツル植物の除去作業をおこなったのです。

ある程度まではできましたが、急斜面地で広範囲なため、少人数で長期的におこなうことは不可能ではないかと判断。東大阪市に相談しましたところ、タイミング良く大阪府と共同で森林ボランティア体験講座を開催されていたので、講座を神社の境内森林で実施していただくこ

とになりました。平成十六年七月の猛暑のなか、約四十人の参加者で急な斜面地での草刈を実施し、思った以上に短時間で広範囲の作業をおこなうことができました。そして、その後も継続した維持管理の必要があったので行政に御協力いただき、この時の参加者を中心とした森林ボランティア団体「ひらおかの森を守る会」を平成十六年十月に組織することができたのです。

平成十七年三月には、活動地約一ヘクタールにシイ（椎）・カシ（樫）・ケヤキ（欅）・ヤマザクラ（山桜）などの広葉樹を約百五十本植樹することができました。引き続き下刈や間伐等継続して活動をおこなっていくため、森林ボランティアについて学ぼうと、NPO法人日本森林ボランティア協会が実施されていた「森林大学」という講座を平成十七年四月より半年間受講。楽しく安全に活動がおこなえるようにと学ばせていただきました。

この経験のお蔭もあり、今日まで楽しく安全を第一に活動をおこなってこられたと思っています。植樹、下刈、地拵え、間伐、風倒木処理、作業道整備、池の清掃や、自然観察、ネイチャークラフト、どんぐり拾い、苗木育成、畑作、田んぼ作り、稲作に至るまでさまざまな活動をおこなうことができました。平成十六年七月から数えると、活動回数百八十二回、参加数延べ約三千百人、植樹本数は大小約二千株に。氏子総代をはじめ会員の皆様の努力のお蔭をもちまして、荒廃地は立派な森となり、土砂に埋もれていた姥ヶ池は復元され、その水の恵みによって田畑ができ、御田植祭・抜穂祭を斎行できるようになりました。神社でおこなう祭典は農耕に関するものが多いなか、田畑が激減した現代の時世にあって、境内にこの環境が整ったことはひじょうにありがたいと感謝しております。

先人らが繋いだ杜を守る責務が

活動をおこないながら、先人たちはどのように枚岡の杜と関わってきたのかを知るため、限られた資料をもとに調べてみました。明治の初めにおこなわれた廃寺跡地への梅の植樹によって枚岡梅林ができたことや、大正の御大典記念の植樹、また昭和御大典記念事業では明治神宮の森づくりに携わられた本郷高徳氏を迎えての植生調査をはじめ、境内整備計画の策定と施工がおこなわれています。当時の森の様子や鎮守の杜に対する思いや考え方などを知ることができました。

昭和三年に、本殿東側裏山は一切手を入れないと策定されていますが、わずか十二年後、皇紀二千六百年記念植樹では、氏子によって本殿東側の山中に約六千九百本のマツ（松）・スギ（杉）・ヒノキ（檜）が植樹され、その後三年に亙って氏子や学生の手による下刈がおこなわれたことなどが記されています。これら記念植樹の合間には、台風による風水害や集中豪雨による土砂災害の影響があったことも記されていました。そして、この植えられた木々も、戦後には燃料確保による皆伐が広範囲でおこなわれましたが、昭和三十年代行政により植樹がおこなわれて現在に至っています。

このように、栄枯盛衰に神社の杜と周辺の森は維持されてきました。幸い神社の杜は、人々の畏敬の念により最小限守られてきましたので、このお蔭により土着の菌類をはじめ、植物や微生物、昆虫、動物といった生き物たちは、種や数が減少したかもわかりませんが、滅びることなく生きながらえることができたのではないかと思います。いかに神社の杜の存在が大切であるかがよく分かります。

豊かな森があり、そのお蔭で命の水が涵養され、清らかな水が大地を潤し陸地の生き物を育み、やがて海へと流れこみ、山や大地のミネラルを運び海の生き物を育み、そしてまた雲となり雨となって山へ降り注ぎ森を育んでくれるという自然の循環をより感じることのできる環境――これからも先人に学びつつ、後世に引き継いでいけるよう、氏子さんたちと力を合わせて鎮守の杜の維持管理に努めていきたいと思っています。

鎮守の森の古形と祭―杜(もり)と子守

NPO法人 社叢学会 理事
國學院大學名誉教授
茂木 栄

「杜」と「社(社)」の文字はよく似ている。木偏か示偏かの違いであり、活字が小さいとしばしば読み間違えることもある。木と土を組み合わせた杜は、文字のイメージからしても「もり」の訓を充てたのは自然であった。しかし、上代文献には杜をいわゆる「もり」の意味で用いた例は皆無に近く、「もり」の意味には「社」が対応し「もり」と「やしろ」の訓が充てられていた。

十世紀初頭に成立した現存最古の漢字辞書『新撰字鏡』には、「社」は、「やしろ」「もり」「さかき」の和訓が記されている。「社」はまた人の集まる「社会」の核心にあり、「社」に人々が集まって物事を相談していくというのが「社会」(社+会)の原義と白川静氏(『字訓』)はいう。

『万葉集』に見える社(もり)

西宮一民氏は上代文献に見える「杜」と「社」の文字を分析し、「万葉集には『杜』の字は一字もなく、『社』の字でモリと訓ませるものばかり」とした上で、『万葉集』『風土記』では「もり」の表記として、専ら「社」を当てており、「杜」は植物の名として、あるいは「ふさぐ」との意で用いられることはあるが、「もり」の意で表記している箇所は皆無であるとした（「森と社―言語の視点から―」『悠久』八十一号、平成十二年五月）。

『万葉集』には、七カ所の社（もり）十一首、三カ所の神社（もり）三首が詠まれている。よく知られているのは例えば、①磐瀬の社（奈良県生駒郡斑鳩町）を詠んだ「神名火の伊波瀬の社の呼子鳥いたくな鳴きそわが恋まさる」（巻八・一四一九）の歌など。他に②三笠の社（福岡県大野城市山田）、③妻の社（和歌山市関戸）、④龍田の社（奈良県生駒郡三郷町龍野）、⑤石田の社（京都市伏見区石田森西町）、⑥浮田の社（奈良県五條市今井）、⑦雲梯（うなて）の社（奈良県橿原市雲梯町）をあげることができる。

また、「神社」と表記して「もり」と詠ませた三首は、①「泣沢の神社」（巻二・二〇二）、②「卯名手の神社」（巻七・一三四四）、③「木綿懸けて斎くこの神社」（三輪山とされる。巻七・一三七八）。これに対して、『万葉集』に七首ある社（やしろ）の歌は、そのうち五首までが「ちはやぶる神の社（やしろ）」と表現される。西宮氏は、この「表現から、『神を祭る建物』がイメージできる」とする（前掲書）。

さらに、「ちはやぶる神の社」という定型表現は、春日野以外、具体的な社・場所に対応していない。一方「もり」の和訓を充てる「社」は、具体的な土地の神の坐す「もり」であり、神社である。つまり、神奈備山（山宮）と社（里宮）とを詠み込んだと解釈できる具体的な「もり」と、抽象的な「やしろ」とでは、同じく恋を詠み込んだ歌であっても、神聖性、その印象深さ、風土性には雲泥の差があるのだ。

「もり」から「やしろ」

西宮氏によれば、「杜」が「もり」の意で使われ始めるのは十世紀前後からであるという。新たに「もり」の意を木＋土の合字に託したのである。「もり」の意味を担う文字は、「社」から「杜」に取って代わられ、社は「もり」の訓を失い、専ら「やしろ」と訓じられるようになったのであった。

かくして社会の支えとなっていた天と地の気を通ずる聖なる社（もり）は、建築物としての社（やしろ）となって、社会の中心たる本来的意味が忘れられていった。

こもりと稲魂の関係

各地の生活風土は神の社（モリ）に守られてきた。同時にモリは水を生み出す母であり、稲作の豊穣祈願とも関わってきた。またモリは子守（モリ）にも通じ、母性のイメージを象徴した子供を守る、慈しんで育てる信仰も、モリの中に見出すことができる。

地域の実態調査からモリと稲と産育の信仰の関係を垣間見ることがでる。大和の「おんだ祭」

はその典型で、高市郡明日香村の飛鳥坐神社（飛鳥坐山口神社）の「おんだ」などでは、子供を授かる行為を、爺さん婆さんの面を付けて、拝殿で抱き合って神事としておこなう。子供を授かり、生み、育てるという子守の行為と、稲魂を育てる稲作の農耕と同じ意味を持たせている。子供を授かる象徴的行為が、稲の豊作を願うことになるのだ。

飛鳥坐神社の森と集落

大和の六つの御県（みあがた）の神を合祀した磯城郡川西町の六県神社では「子出来祭」と通称される「おんだ祭」があり、田と見立てた拝殿で稲作の手順を演じる。最後に田を見回る田主のところに妊婦のウナリが昼間（昼食）を持って来る。ウナリ役は女装した男性。田主と問答をし、田主の問に答えているうちに産気付き、お腹に入れていた赤子に見立てた太鼓を産み落とす。「ボンできた」「ボンできた」と一同囃して終わる。最後にウナリ役の男性が頭上に載せていた福の種を入れた桶を持ち出し、「福の種まこうよ」「福の種まこうよ」と唱えながら、拝殿の外へ福の種を撒く。参拝者たちは争って福の種を拾い、神棚に供えたり、自家の稲種に混ぜて苗代蒔きをおこなったりするのだという。

吉野郡吉野町吉野山子守に鎮座する吉野水分神社は、水源神であると同時に、古くから子授け、子育ての信仰が篤く、子供を授かりたいと願う親たちがここにお参りに来て祈願することでも知られている。両の乳房を象った作り物を掲げた絵馬が奉納されている。一般には子守宮（こもりぐう）と呼ばれ、子供の守護神として崇敬されてきた。

この子守宮では四月三日に「おんだ祭」がおこなわれ、初子の参拝などもおこなわれている。大和の水分神社、山口神社、御県神社の三種の神社群は、水神のネットによって稲作の風土を作り上げると同時に、その祭りによって、子の誕生と生育、子守の風土が表現されているといえよう。稲魂の誕生と成長は、すなわち赤子の誕生と成長と等しく見立てられたのである。

「モリ」は霊魂の守護

民俗学者・鎌田久子は「モリという語が霊魂の活動を示す語であることは、モリコ、モリキなどモリという語を附した語が、いずれも霊力を持つもの、神聖な事柄に関係したことをあらわすものであることから証明できるのではなかろうか」（「モリの文化」『方言研究の問題点』平山輝男博士還暦記念会編、明治書院、昭和四十五年刊）と指摘。その上で、モリが霊魂の降臨する神聖な場所であることと共通して、「子守のモリも、本来の意味は、幼児の霊魂を安定させるもの、ひいては幼児の霊魂の守護者という意味があった」と解説している。

大和の風土が、水源神である子守明神によって稲作と子供の魂が守られる母なる大地として造られているように、神社そのものがモリであり、その地域に暮らす人々、とくに子供たちの霊魂の守護者としての役割を担ってきたのである。

なぜ山を誉める神事があるのか

太宰府天満宮顧問

味酒　安則

志賀島の神社

志賀島三山の勝山、衣笠山、御笠山を祓い清めて、この三山を誉(ほ)める。

「ああら、よい山、繁った山」

「山ほめ祭」は、福岡市東区志賀島に鎮座する式内社・志賀海(しかうみ)神社で春秋二回おこなわれる。四月十五日に斎行される春は「山誉種蒔漁猟祭(やまほめたねまきかりすなどりのまつり)」と称し、十一月十五日に斎行される秋は「山誉漁猟祭」といい種蒔の所作がない。志賀海神社は、参道が照葉樹林に覆われ、森閑として海人(あまびと)の神が御座(おわ)す神社に相応しい。この神社は、全国の綿津見(わたつみ)神社の総本宮ともいわれ、龍の都とも称されている。古代氏族の阿曇(あずみ)氏の誕生の地で、宮司は阿曇家が永代に亙り務めている。

御祭神は、綿津見三神で伊邪那岐命が阿波岐原にて禊祓をされた時に誕生した神々。海をつ

山ほめ祭

かさどる神である。社伝によると、古くは志賀島の北、勝馬の地に表津宮（うわつ）、仲津宮（なかつ）、沖津宮（おきつ）の三宮がそれぞれあったが、始祖の阿曇磯良（いそら）が、表津宮を遷座して現在の御本社とし、仲津宮、沖津宮はその摂社にしたという。磯良が、神功皇后の新羅出征の舵取りを務めたことは有名な伝説。その神功皇后が船出前に志賀島に立ち寄られた時、「山ほめ祭」を御披露したところ感動されて「志賀島に打ち寄せる波が絶えるまで伝えよ」と命じられたという。

御神前の庭に盛り砂をし、神名備よりいただいた、身の丈の倍ほどの神籬で神功皇后ゆかりの椎の木を立て、前庭に筵（むしろ）を敷き、社人（しゃにん）らが着座して「山ほめ祭」は始まる。大宮司一良（いちろう）が神籬より「ことなき柴」の枝を折りとり、志賀三山を祓う。次に扇を開いて右手にもち、楽座一良の笏拍子にあわせて、三山を扇と手の拍合わせで拝する。続いて、宜別当（ぎべっとう）一良が神籬の前で「ああら、よい山、繁った山」と三山を三度ほめる。

そして、禰宜一良と二良による問答の後、盛り砂に矢を三本射るのは鹿狩の所作である。
さらに、鯛釣りの所作では、藁製の鰭（ひれ）を両手にもつ社人と、禰宜二良と別当一良が櫓（ろ）を漕（こ）ぎながら、終わりに「よせてつる」「いくせでつる」の三度の掛合いをする。

神は山に坐し

日本人の信仰や感性に「山には神が坐（ま）す」というものがある。遠い昔、山の清浄な場所の巨岩や巨樹に神霊を招いて神祭をおこなった記憶によるものであろう。神社の原点的存在といえる、神霊の依代とした岩を磐座、神域に樹木を立てて祭壇としたものを神籬、岩や石を積み並べた祭場を磐境といった。それらは、宗像大社の神宿る島、「沖ノ島」で今に拝見することができる。

高山を発した水は、水田を潤（うるお）す。稲作文化とともに、水の流れに従い、滝・早瀬・淀（よどみ）・池・河口・海へと神霊も移り神社が勧請されるのである。草木に活力を与える水こそ豊饒をもたらす神であり、わが国の生命の源であるといえよう。

また、民間信仰では、春になると山の神が山から降りてきて田の神となり、秋には元の山に戻るというものがある。実に、山は恩恵の源であり、神の座する場所、神そのものといえる。神も山も、数える時には「座」を用いるのも、山への信仰の現れと考えられないか。

神の宿りし島

『古事記』にある常世の国とは、はるか海の彼方にあり、時間の経過がなく、永遠に歳をとらない世界だといわれている。神産巣日神の御子で、少名毘古那神は、大国主大神と協力して国造りをされたが、その途中でこの常世の国に去って行かれたと記されている。さらに記紀には、田道間守が垂仁天皇の勅で常世の国に至りて、非時香菓（ときじくのかくのこのみ）を得て十年後に帰朝したが、天皇の崩後であったので、香菓を山陵に献じ、嘆き悲しんで死したことを伝えている。

中国にもこの常世の国と似た話がある。それが蓬莱思想である。前漢時代に司馬遷が撰じた『史記』には、東海中に三神山（蓬莱・方丈・瀛州（えいしゅう））があると記している。仙人が住み、不老不死の仙薬もある神仙の島で、別称を神島とも。このような神仙島や仙薬が存在することは、現代では非常識だが、古代においてはむしろ常識だったといえる。『史記』には、秦の始皇帝と方士徐福の話も記されているのである。

この蓬莱思想は、『竹取物語』や『今昔物語』に記されていたが、平安時代の終わりに道教に取り込まれ、さらに、その道教の衰頽とともに人々の記憶から消え去った。

沖ノ島は、宗像大社の沖津宮で「神宿る島」といわれ、島そのものを御神体とした神島。そこで、祭祀は巨岩群の上部や下部で斎行され、十七世紀半ばまで社殿は築かれなかったといわれている。この神島の神聖を守るため、多くの「禁忌」があり現在まで厳格に守られてきた。

それは、普段の上陸の禁止、女人の禁制、島内での肉食の禁止、次に、一本一草一石たりとも持ち出しの禁、上陸の際は着衣をすべて脱いでの禊などで、沖ノ島で見たり聞いたりしたことは一切口外してはならず、人々は「不言様（おいわずさま）」と呼んでいる。

志賀島では、志賀海神社の宮司家は代々、島内に墓を造らないという禁忌がある。また、宗像と同じように沖津宮はじめ三宮があったこと、蓬莱島と同様に勝山はじめ三山が存在していることも注目に値するだろう。『魏志』倭人伝の奴国や伊都国の東方海中にあたるので、「金印」が出土した理由も頷ける。

山を誉める民

志賀島は、常世の国、蓬莱島、神島として信仰されてきたのである。その象徴的存在が志賀三山といえる。神の島の、神の山なのだ。山を誉めるということは、祝詞の称辞（たたえごと）と同一概念と考える。まさしく、山の神を称えているのであろう。

次に、海の民にとって島や岬の山々は、海上航行の大事な目標物である。「山当て」「山合せ」といって、生死を分ける位置確認の存在といえる。

さらに、海の民にとって山や森の恩恵は計り知れない。漁猟や航海のため船の用材の提供がある。また、近年、山や森の養分やミネラルが、雨降り、川から海へ下り、プランクトンを育て豊漁に連鎖するともいわれている。

海の民がなぜ山を誉めるのか。古代の蓬莱思想、わが国では神島信仰に起源があると考える。古来、大陸との交流を重ねてきた九州の位置と神話に彩られた習俗の神道文化がここにあると思う。

鎮守の森と地域再生・コミュニティ

NPO法人 社叢学会 理事
京都大学人と社会の未来研究院教授
広井 良典

令和二年初め、環境省に「次期生物多様性国家戦略研究会」が設置され、委員として参加する機会を得た。「生物多様性」という言葉は一般的にはまだ十分に定着していない面があるが、実は新型コロナウイルス感染症のような「人獣共通感染症（＝人間と動物に共通する感染症）」が近年増えている背景には、森林の減少など生物多様性の乱れが背景にあることがさまざまな研究で明らかになりつつある。つまり森林が減少し、そこでの生物多様性が損なわれるとともに、ウイルスを保有する動物の密度が増加するなどし、結果として感染症が発生しやすくなっているのだ。したがって生物多様性を保全していくことは、新型コロナウイルスのような感染症の頻発を防ぎ、人間の健康を守っていくにあたっても大きな意味をもつことになる。

こうした中で、最近私が思うようになったのは、この「生物多様性」と「八百万（やおよろず）の神様」という表現との関わりである。

すなわち「八百万の神様」という言葉は、大きくいえば自然の中に無数の神様が存在しているという自然観だ。しかも「鎮守の森」という言葉が文字通り示すように、それは私たち人間にとって大切な、ともに共生していくべき（あるいは「畏敬」すべき）存在であることが含意されている。だとすれば「生物多様性」が重要だという考え方は、まさにこうした「八百万の神様」という自然観と繫がるのではないだろうか。

そして幸いなことに、先ほどふれた環境省の研究会の報告書（令和三年七月公表）においては、「鎮守の森」への言及がなされた。具体的には、『鎮守の森』といった表現に示されるような、我が国における人と自然の共生に関する伝統的な意識や自然観など、生物多様性の保全に関わる文化的、精神的な側面も考慮していくことが重要である」という文章が盛り込まれたのである。加えて、日本の各地域における社叢林の存在が、生物多様性の保全に大きく寄与していることも重要視された。

現代的課題と鎮守の森をつなぐ

以上、生物多様性と鎮守の森の関連について述べたが、こうした関心も踏まえながら、私自身は「鎮守の森コミュニティ・プロジェクト」という活動をささやかながら進めており、以下それについて御紹介させていただきたい。

近年、「コミュニティ」や「地域再生」というテーマへの関心が高まっているが、祭りやさまざまな年中行事からもわかるように、日本では地域コミュニティの明らかな中心として神社やお寺があった。私は最初に知ったときずいぶん驚いたのだが、全国に存在する神社・寺院の数はそれぞれ約八万にのぼる。あれほど多いと思われるコンビニの数は約六万なので、これはたいへんな数であり、「鎮守の森」は自然信仰と一体となった地域コミュニティの拠点として貴重な意義をもってきたのだ。

一方、先ほど生物多様性をめぐるテーマにふれたが、昨今、気候変動ないし地球温暖化の問題が大きく浮上する中で、脱炭素やカーボン・ニュートラルということが大きな課題になってきた。そうした中で再生可能エネルギー（自然エネルギー）の重要性、とくにそれを地域において整備していくことが政府レベルでも最優先のテーマとなっている。

こうした状況を踏まえ、私がここ十年ほど進めてきたのが「鎮守の森コミュニティ・プロジェクト」である。これは「鎮守の森」を自然エネルギーの分散的整備や地域再生といった現代的な課題と結びつけ、発展させていこうという趣旨のものだ。

たとえば、神社の周辺などに小水力や太陽光発電など自然エネルギーの拠点を整備し、さらに周囲の場所を一体的にデザインする。そして保育や高齢者ケアなどの福祉的活動、環境学習や教育、そしてさまざまな世代が関わりコミュニケーションをおこなう世代間交流等々の場所として、つまり新たな「コミュニティの中心」ないし拠点として多面的に活用する。希望をこめて言えば、これは自然エネルギーと地域コミュニティそして日本の伝統的な自然観が一体となった試みとして、世界に発信できるビジョンにもなりうるのではないか（**写真**）。

秩父での小水力発電をめぐる展開

こうした私たちの試みはまだ試行錯誤の状況だが、最近進展のあった事例として、埼玉県秩父市における小水力発電に関する展開を紹介したい。すなわち、地元の有志の方々と私たちのグループの鎮守の森コミュニティ推進協議会（代表理事・宮下佳廣氏）のメンバーが共同出資して「陽野ふるさと電力」という会社を設立して事業を進め、幸い令和三年五月に五十キロワット（約百世帯の電力を供給する規模）の小水力発電設備の導入に至った。

さらにこうした取組みに、近隣の自治体や住民の方々も関心を向けてくださるようになり、令和四年度からはより大きな規模の小水力発電をおこなう「武甲山未来電力」（仮称）を設立。その売電収入を活用して武甲山の環境整備をおこなう方向での展開が現在進行中である。

御存じのように武甲山は秩父神社の御神体であるが、石灰岩の採掘がなされて山容が大きく損なわれているなか、地元の高校生などからも「武甲山がかわいそうだ」といった声が示され

小水力発電のイメージ

ていた。地域の人々が協力してエネルギーの地産地消に取り組み、それを通じて地域のシンボルあるいは心のよりどころである「鎮守の森」の保全をおこなうというのはきわめて意義深いことと思われる。

ちなみに、平成二十五年に神社本庁でおこなわれた神社振興対策教化研修会で講演をさせていただいた際に、参加者の方々に対して「これからの時代の地域コミュニティにおける神社の役割」に関するアンケート調査を実施した。この中での「自然エネルギーを貴神社において何らかの形で導入することについて御関心はあるでしょうか」という設問に対し、四七％の方々が「かなり関心がある」と回答されていた。

鎮守の森の現代的再生へ

以上述べた自然エネルギーのほか、鎮守の森コミュニティ・プロジェクトでは「鎮守の森セラピー」「鎮守の森ホスピス」など、鎮守の森と地域コミュニティに関する現代的課題を結びつけた活動をおこなっている（私が所長を務める「鎮守の森コミュニティ研究所」のウェブサイト〈http://c-chinju.org/〉参照）。

鎮守の森と地域再生・コミュニティをつなぐ新たな展開が求められており、こうした活動に御関心をもっていただいた方は気軽に声をかけていただければ幸いである（hiroi.yoshinori.5u@kyoto-u.ac.jp）。

武蔵国の社叢の現状と「見守り隊」の活動

NPO法人 社叢学会 理事
沖縄民俗学会会員
木村 甫

社殿のない聖域 各所に存在して

社叢学会設立趣意書には「かつて日本列島に住みついた人々が『神々の森』を創ったのは、厳しく、しかし美しいこの日本の自然を、ただ畏怖し、あるいは制御するだけでなく、積極的に共生しようと考えたからであった。そういう日本人の思想のシンボルとなり、かつ、行動の結節点となったものが、以後の社叢であり、そのなかには変わらぬ日本の自然が生き続けている」とあり、「社叢とはなにか」を語っている。

社叢を神の依り代とみると、全国的には「社叢」のみで社殿のない聖域があちこちに存在している。まずは琉球列島の「御嶽（ウタキ）」。古代史の研究者で元社叢学会理事長の上田正昭氏は「沖縄のウタキには、琉球王朝のウタキ、共同体のウタキ、門中または個人のウタキがあるが、カミ観念の多様性・森そのものの信仰や立地条件には、本土の鎮守の森と共通の要素がある。その異同をみきわめることは、社叢研究に寄与するにちがいない」と述べている。「琉球国由来記」によると御嶽拝所等は千七十三カ所にも及ぶ。

このほか、○奄美列島の「神山」(加計呂麻島の須子茂集落等)、○種子島の「ガロー山」(下中八幡神社の森山、御田の森)、○南九州地方の「モイドン」、○熊野地方の「無社殿の神社」(古座川峯矢倉神社、二河栃ノ木瀬戸の宮等)、○滋賀琵琶湖周辺の「野神」、○福井地方の「ニソの杜」――などがあり、日本古代からの「社叢」の重要性が「社殿の有無」に関わらず推察できる。

また、元千葉県立博物館の原正利氏によると「社叢の価値」とは、○信仰上の価値、○歴史遺産としての価値、○文化遺産としての価値、○自然遺産としての価値(地域固有の原植生に近い、地域本来の成熟した生態系が残されている)、○環境としての価値(現在の機能生物多様性保全、水・大気の環境、癒し等)――にあると纏められている。

「社叢見守り隊」その活動実例は

平成二十八年春に当時の社叢学会理事長・薗田稔氏から「武蔵国」の神社の社叢について調査できないだろうかとのお話があった。一方、社叢インストラクターの方が二人で神社の社叢を調査し始めていることを知っていたので連絡し、薗田氏の主旨に従って行動を起こそうということになった。また、関西地区でも同じような動きがあり、実行されつつある。

次のように「社叢見守り隊活動実施概略」を理事会に提案し、了解を得た。

趣旨　首都圏の神社及び社叢の現状を調査し、「社叢」の持つさまざまな重要性を啓蒙しつつ、後世にも持続させたい
組織　社叢学会員（理事、社叢インストラクターを含む）を中心に一般参加者も募っていく
実施期日　なるべく月一回を原則とする
地域提案　「武蔵国」を中心に社叢学会員が参加者の希望を聴取し提案する
調査対象　なるべく小規模な神社も対象とする
調査点検項目　神社名、住所、調査月日、現地写真、調査参加者、由来など、祭神など、空間位置・面積等・植生・社叢の実状など、地図上の位置などとし、A4用紙二、三枚にまとめ、社叢学会本部に報告し、ブログに掲載することとする。

報告の一部の実例をあげてみよう。

【図①】【図②】は調査した神社の俯瞰図の実例であるが、【図①】の秩父市・秩父神社は樹冠投影概略図として描かれたものである。それぞれの利点はあるのでその時点での記録可能な方法で報告した。

【図②】の同市・今宮神社は樹木の常緑、落葉の違い、高木、低木の違い、針葉、広葉の違いなどが分かりやすいし、また、【図①】では樹冠（枝の広がり）、個々の樹木の位置や胸高直径などがわかりやすい。

また【図②】の今宮神社についての「空間位置・面積等・植生・社叢の実状など」の例とし

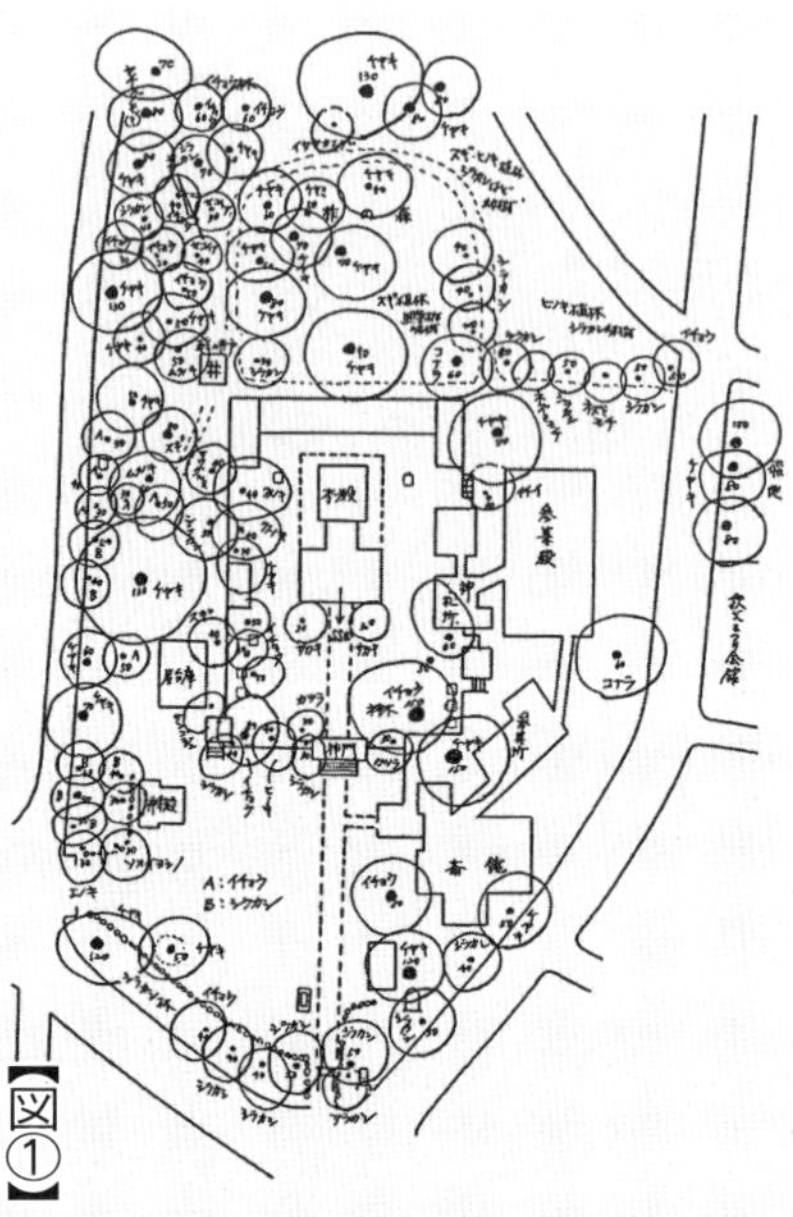

【図①】

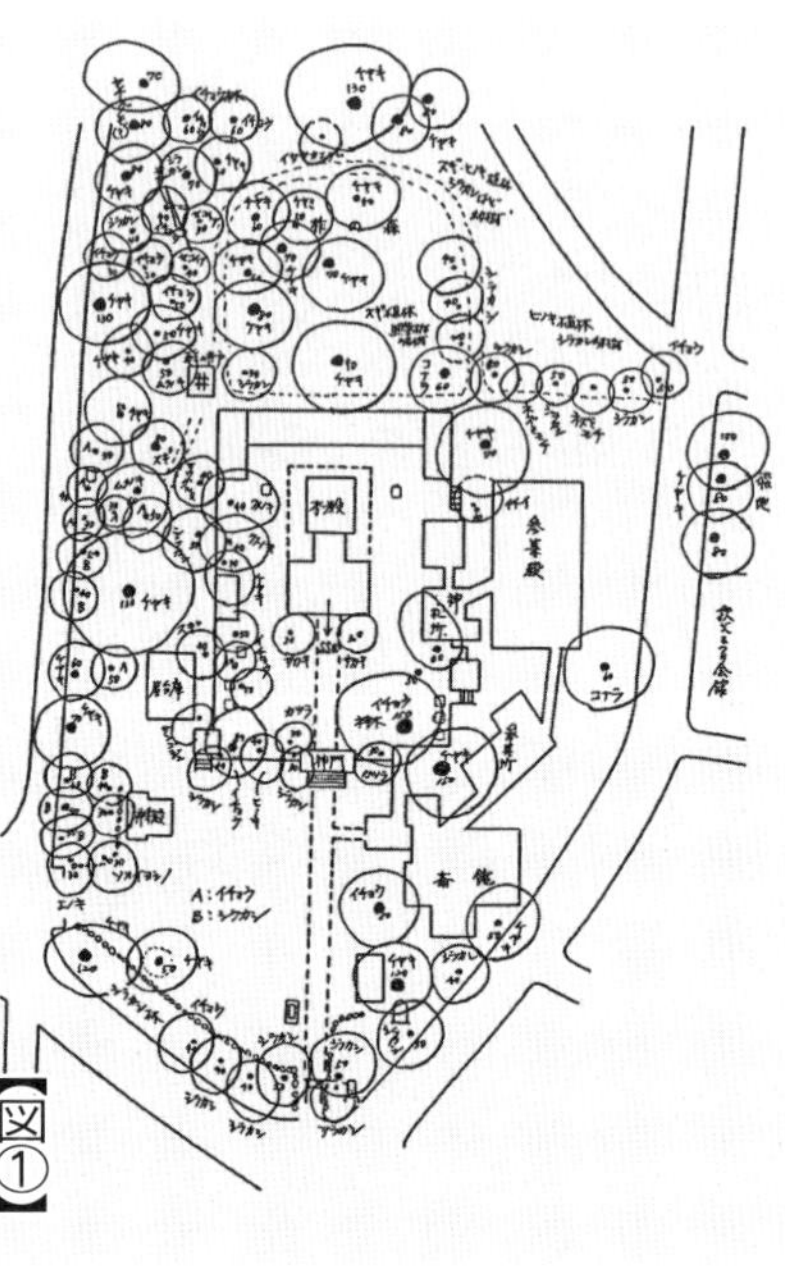

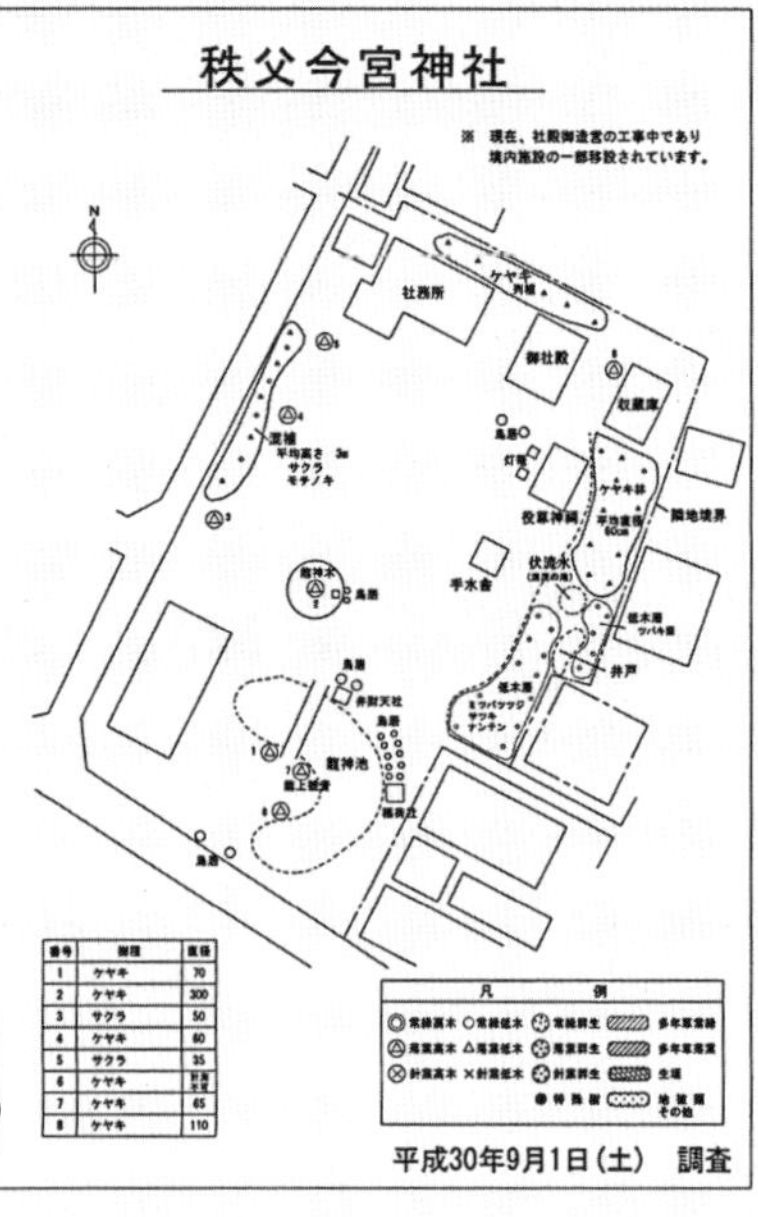

番号	樹種	直径
1	ケヤキ	70
2	ケヤキ	300
3	サクラ	50
4	ケヤキ	60
5	サクラ	35
6	ケヤキ	[illegible]
7	ケヤキ	65
8	ケヤキ	110

【図②】

て報告コメントを挙げておく。

「河岸段丘の斜面下にあり、武甲山方面からの流水に恵まれていて、竜神池がそれを物語っている。斜面に沿ってケヤキが多く、池の周囲や境内にも多く生育している。また、境内のほぼ中央にあるケヤキの超大木は竜神木といわれ、伝説や信仰の対象としても貴重な存在である。中央部の樹幹は腐朽はしているが周囲の何本かの樹幹がそれを補い樹形を保っているのは素晴らしい。調査時にもケヤキの種子ができており、樹勢はまだしっかりあるようである」。

【写真①】は今宮神社を調査したときのものであるが、「見守り隊」の中で写真担当、平面図作成担当、樹木調査担当、広報担当などを自主的に役割分担し、一般参加者にもできる限り調査に協力していただいた。また参加メンバーの中には、社叢インストラクター、樹木医、植物の専門研究者の方が参加される機会に恵まれることも多く、当該神社の調査終わりにはそれぞれの方々にコメントや植生などの解説をお願いしている。毎回、参加者や人数は異なるが、おおよそ七、八人から十二、三人のことが多い。

活動の結果からランク付けをし

平成二十八年春から始めて、令和四年までで五十回を企画提案、そのうち天候や新型コロナウイルス感染症の影響で中止したのは四回、実質四十六回を実施した。合計二百五十五の神社を巡り、延べ参加人数四百四十三人にのぼる。

巡検した地区別を挙げてみると、東京都区部

【写真①】

十三地区、東京都都市部十二地区、埼玉県市街地区一地区、埼玉県郊外地区十五地区、神奈川県市街地区一地区、神奈川県郊外地区一地区、「武蔵国」以外だが千葉県三地区に及ぶ。一回での神社数は一から十神社程度で、なるべく隊員の集合しやすい駅を設定。神社はとくに選別せず、一日で調査可能な神社数を考えた。

文化庁の統計によると武蔵国では三千五百社以上あるようだ。まだまだだが、ここで調査結果から、一つの見方として社叢のランク付けを考えてみた。あくまでも概要で、きちんとした植生学に基づく調査ではないことを断っておく。

Aランク 社叢が成立していて自然更新可能と思われる。禁足地や入ずの杜などが設定されている等。

Bランク 社叢は成立していると思われるが林床などから自然更新は難しいと思われる。

Cランク 樹木の本数としてはある程度あるが、社叢としては成り立っていないと思われる。

Dランク 社殿付近、境内に樹木がまばらに存在するのみである。

Eランク 樹木が境内にほとんどなく、あっても数本以下である。

巡検実施記録・調査結果の俯瞰図・樹冠投影概観図・写真などから二百五十五の神社を以上のように五段階ランクに分けてみた。Aランクは二〇%、Bランクは一八%、Cランクは二七%、Dランクは二九%、Eランクは六%となり、**【図③】**の円グラフのようになった。C、Dランクは合わせると五六%にもなり、東京近郊ということを考えに入れると当然ともいえる。

意外に少なかったのはEランクだが、東京都区部への巡検が少ない結果と思う。しかし、「神社には樹木が必要だ」という人々の無意識がEランクからDランクへの移行を促して、Dランクの多さを物語っているのかもしれない。

それにしても注目に値するのはA、Bランクの占める割合の高さであろう。もっともっと少ないと想像していたが、人々の思い（日本人の潜在意識）が「神社」という場所への明確な意思表示となって現れているかのようだ。想像以上のA、Bランクの社叢の存続は、永い歴史のなかで培われたあるべき姿を伝えようとする表現なのかもしれない。私たちはこのような「社叢」をなんとしても残し、守り、育てていかねばならないと考えている。

【図③】

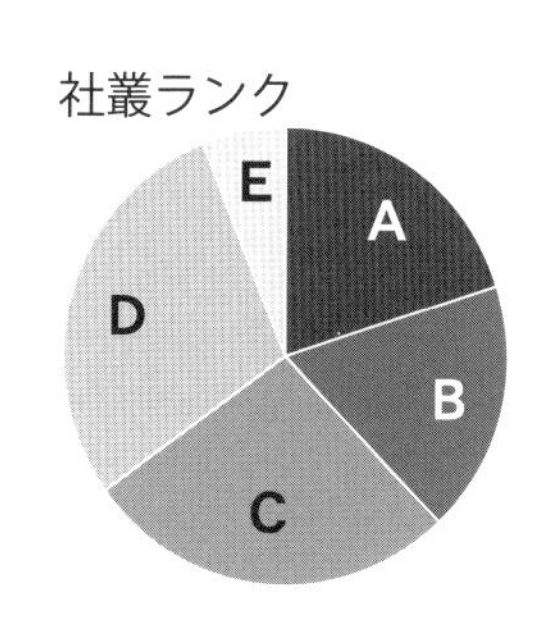

都市における社叢の機能

地域の拠り所としての民間信仰の場

NPO法人 社叢学会 理事
大阪府立大学名誉教授
上甫木 昭春

まちなかの鎮守の森は、地域の目印、人々の交流の場、動植物の生息場所などさまざまな側面から地域の拠り所として機能している。近年のまちづくりの視点をみると、「快適な生活環境の創出」から「自然と共生する環境共生」そして「自立・持続するまちづくり」へと進化してきている。そして新型コロナウイルス感染症の影響も受けて、地域の固有性に立脚したまちづくりがこれまで以上に進められていくだろう。

したがって、地域固有の歴史資源である神社などの祭祀の場が、今後のまちづくりにおいて担っている〝拠り所性〟をもう一度見つめ直しておく必要がある。本稿では、神社のおこる以前の伝統的な民間信仰の場を対象として、今後のまちづくりにおける重要な視点である「自然生態的なインフラの形成」と「コミュニティの拠点の形成」といった側面から、民間信仰の場が有する〝拠り所性〟を探ってみたい。

国内および海外における伝統的な民間信仰の場の中で、本稿ではこれまで筆者らのグループが調査してきた鹿児島の森殿（モイドン）、奄美のノロ祭祀（カミヤマ他）、沖縄・八重山の御嶽（ウタキ）などを対象とする。モイドンとは、集落の守護神。神社としての建物はもたず、古く大きな木を神体としており、集落の主要な場に祀られることが多い。カミヤマは、集落の背後に聳える保全された山であることが多く、そこから海へつながる神聖なカミミチ（神道）、ミャー（神を祀る清浄な空間）などが集落の装置として現存しているところもある。ウタキは、琉球諸島では地域の祭事の中心的な存在。信仰の対象となる森や泉そのものを低い石垣などで聖域として顕在化しているところが多い。

指宿市上西園のモイドン（「アコウ」の大木〈樹高22メートル、周囲長約９メートル〉）

「自然生態的」なインフラの形成

まず、「自然生態的なインフラの形成」といった側面からみた民間信仰の場の〝拠り所性〟を紹介したい。

鹿児島県大隅半島南部の錦江町周辺でのモイドンの立地をみると、集落の後背地の高台、集落の入り口の比較的目立つ場所、見晴らしの良い展望部に位置する事例があった。このように、モイドンが立地する場所は、ランドマーク機能（入口部）や防災機能（背後の山）、拠点機能（展望部）といった集落にとっての空間的拠り所に立地している事例がみられる。

奄美大島では、大和浜集落背後のカミヤマのように、集落の重要な水源地であるとともに、集落に迫る危険な急傾斜地であることから、聖域にすることで手を加えずに保護している事例が多い。

八重山西表島の干立集落では、集落背後の山がウタキとして保護され水源地として維持活用されている。また海岸部には、防風林となる海岸樹林の一部がウタキとして保護され、現在も信仰の場であるウタキが防風林として機能するように維持管理がなされている。さらに八重山石垣島の川平村では、各ウタキから離れた場所にパカーラと呼ばれるウタキの神の管轄地があるとされている。村内にあるウタキとパカーラの土地の属性をみると、井戸や丘、海岸部の防波になり得る大きな石や崖など、特徴的な村内の自然的なインフラが対象となっているようだ。

コミュニティの拠点の形成

次に「コミュニティの拠点の形成」といった側面からみた、民間信仰の場が有する〝拠り所性〟を紹介したい。

指宿市の有形民俗文化財に指定されたモイドンにおいて、祭りやその他の利用における変化をみると、かつて毎年の祭にはモイドンを管理する門（カド）と呼ばれる農民の同族集団の人々が集まり、お供えや神主を呼んだ祭事ののち、直会（宴会）をおこなっていた。昭和五十年代半ば頃までは、子供の遊び場として、また夏祭りで舞台が設置されるなど活発な利用がおこなわれ、人々が集まる拠り所として機能していたモイドンもある。

しかしながら、門の世帯数の減少や高齢化により、祭りの簡素化や廃止が生じ、現在は日常的な管理の担い手を個人から管理委員会に移行するなどして、モイドンを維持している状況。民間信仰の場を活用していくためには、その管理単位を門から集落、必要によっては校区へと拡大していくことも必要と思われる。

奄美大島のノロ祭祀に関わる場の一つであるミャーは、集落中心にある広場。年中行事である十五夜と豊年祭には、ミャー内に土俵を設け、神に捧げるための相撲をとる。津名久集落では、豊年祭の奉納相撲に、カミヤマの麓にあるイジュン（井戸）やカミミチが利用されてきた。ミャーの継承状況をみると、空間的に継承されやすく、現在もそこに常設の土俵や公民館が設

奄美市大熊のミャーと土俵

置されるなどしており、コミュニティの拠り所として機能していることが確認できる。

八重山では、新しい村が三十戸に達すると人々の心の拠り所としてウタキを勧請し、共同社会における道徳の昂揚、社会秩序維持の役目も果たしたとされる。八重山（川平・竹富・干立）において、ウタキの空間と祭事の継承状況をみると、保守的な氏子組織によりウタキが維持管理され、県外移住者とほとんど関わりをもたないものや、逆にウタキの維持管理や祭事は現代的祭事と分け隔てなく県外移住者が役を務める公民館組織が伝統を継承しているものなど多様であった。

しかし、いずれにおいてもコミュニティの拠点としての役割は一定程度継承されている。今後は八重山の事例においても、場の利活用に関わる担い手の多様化などを検討していくことが必要だろう。

再評価が望まれる地域の歴史資源

以上のように、モイドン、ノロ祭祀、ウタキなどの民間信仰の場は、防災面・景観面・生活面から地域を支える拠り所となり、地域の「自然生態的なインフラの形成」に寄与しているといえる。また、地域の住民の交流の場として機能していることも確認できるが、その場の維持管理のあり方など今後の検討課題も多い状況にあるといえるだろう。

日本全国には、本稿で紹介した以外にも多くの民間信仰の場が残っている。今一度、読者の近くにある神宿る場や自然に着目し、その場が地域の拠り所として有している役割を再評価してほしいと思う。このように、これからのまちづくりのあり方を再考する鍵は、実は地域固有の歴史資源に隠されていることも多い。

西表島干立のウタキ

都市における歴史的緑地としての社叢

NPO法人 社叢学会 顧問
㈱総合計画機構相談役

糸谷 正俊

本稿では、都市における歴史的な緑地である社叢の保全について考察された調査研究をもとに、社叢学会の活動の原点の一つとなった都市域での社叢保全の考え方について紹介する(※一)。この調査は当時、東京農業大学学長であった進士五十八委員長のもと、故・上田正昭先生(京都大学名誉教授)、上田篤先生(京都精華大学名誉教授)、薗田稔先生(京都大学名誉教授)、菅沼孝之先生(元奈良女子大学教授)、故・奥富清先生(㈶自然保護助成基金理事長)、坂本新太郎先生(大阪芸術大学教授)、故・服部明世先生(歴史的風土審議会委員)という各界重鎮が委員となり、三年間で数回おこなわれた委員会での議論をもとにまとめられた(先生方の肩書は調査時点のもの)。

歴史的緑地として捉える社叢の姿は

日本は近代化の中で種々の開発が進み、土地利用、景観、生活様式等が激変してきた。とくに高度経済成長の下では、住宅、工場等の大規模開発が進み、急激な都市化が進展。昭和二十年から三十年代前半にはまだ残されていた昔ながらの風景は一変し、全国隅々にまで開発の波が押し寄せた。

このような変化の中で、かろうじて現代に残されてきたものが歴史的な緑地。いわゆる鎮守の森、寺院の森、古墳の森、塚の木立、名園（寺院庭園、大名庭園、大きな個人庭園等）、景勝地、屋敷林などである。

これらの歴史的緑地は、変化の激しい都市にあって郷土性を残し、市民のアイデンティティとなっているほか、緑地の多面的効果（良好な自然環境や美しい景観の提供、自然とのふれあい、憩いの場、災害時の防災効果、コミュニティ形成など）を有し、都市の暮らしに欠かすことのできない存在となっている。なかでも社叢は、下図のように歴史的緑地の中で利用価値という機能性よりも、精神的、祭祀的、共同体的な存在であることの社会的価値が大きい。経済社会の進展の中で失われつつある心の充足に寄与するも

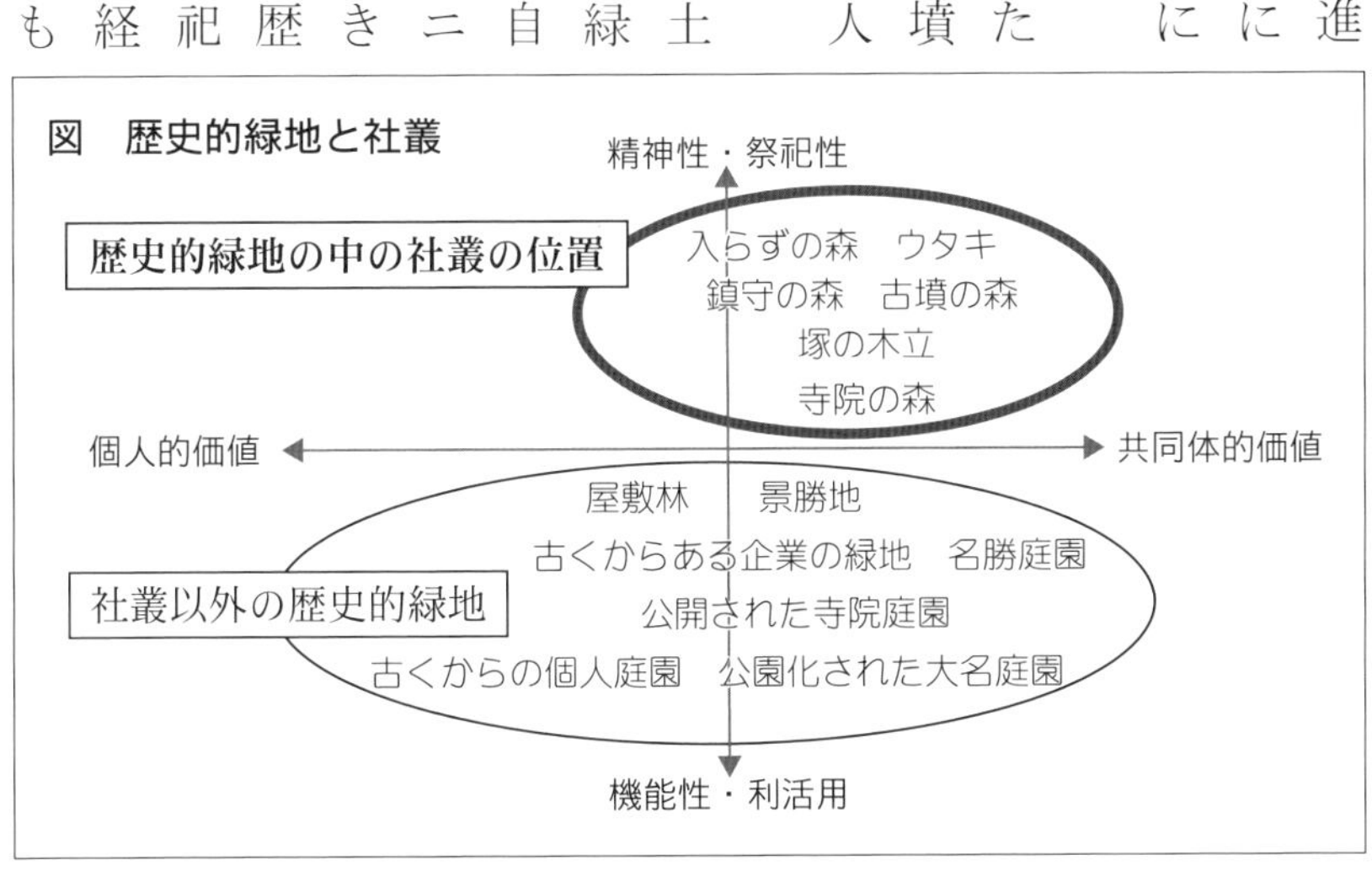

のとして重要な位置づけができる。

実態調査結果からさまざま明らかに

調査研究では、大阪府吹田市、滋賀県大津市、奈良県桜井市、京都府亀岡市、東京都世田谷区の五地域にある神社・寺院計五百十三カ所の社叢実態調査をおこなった。調査項目は多岐に亙り、現地調査と関係者ヒアリングにより、社叢の実態をかなり明らかにすることができた。以下、調査比較が可能な関西四地域での調査結果をもとに結果概要を見る。

一、森を形成している神社が多く、重要な景観構成要素となっている

大阪大都市圏内にある吹田（神社数二十）と大都市近郊に位置する大津（同百三十六）、桜井（同八十二）、亀岡（同百四）では、森を形成している割合は異なる。吹田では七社、大津では九十三社、桜井では六十四社、亀岡では八十社において、こんもりとした森または樹木の群生地が見られた。社叢の基本的なイメージであるこんもりとした森を形成している神社は、吹田で四社、大津、桜井、亀岡で全体の五割程度。しかし森の存在がよくわかる（景観的に視認されやすい）神社は吹田で六社、大津で五十三社、桜井で四十七社、亀岡で七十一社あり、いずれの都市においても重要な景観構成要素となっている。

二、自然の森が多い（亀岡市データなし）

二次林を含む自然林の森が、吹田で三社、大津で十五社、桜井で十九社残されている。一部

人工林の入る森が吹田で四社、大津で六十二社、桜井で三十三社。人工林だけの森は吹田にはなく、大津が十一社、桜井が十一社であり、総じて社叢は自然に近い森を構成している。

三、多様な生き物が見られる（大津市データなし）

いずれの社叢も、虫や鳥など生き物の生息地となっているものが多い。とくに動物が見られた神社及び種類をみると、吹田ではイタチ（鼬）六社、ネズミ（鼠）五社、キツネ（狐）二社、ヘビ（蛇）八社。桜井ではイタチ三十五社、タヌキ（狸）三十五社、ムササビ（鼯鼠）三十三社、ネズミ三十二社、イノシシ（猪）三十社、リス（栗鼠）二十八社、フクロウ（梟）二十一社、サル（猿）二十社で、その他キツネ、シカ（鹿）、キツツキ（啄木鳥）、ウサギ（兎）、ヘビがあげられている。亀岡でもイタチ四十五社、ネズミ四十三社、タヌキ四十社、イノシシ三十七社、シカ三十二社、キツネ三十社、その他リス、サル、ムササビ、クマ（熊）などが見られ、自然の豊かさが読み取れる。

四、改変の危機にある森がある

吹田では、戦後開発による規模の縮小、社域の割譲、社域の移転、自然災害等があり、社叢は変化してきたが、調査時点で改変の動きはない(※二)。大津では住宅開発による改変の危機があったが、自治会の反対で頓挫した計画もあった。桜井では自然災害の被害が相当あった（五十一社）ほか、現在公共事業による移転・割譲を迫られているものが二社。亀岡でも開発による社域の移転・割譲が二十二社あり、現在も公共事業による割譲を迫られている二社、土地区画整理事業による移転の危機にある二社等がある。

またいずれの都市も境内地の多用途への転換があり、駐車場、集会施設、子供の遊び場等の立地が見られた。

五、地域との連携が見られるものの市民団体の参加は少ない

氏子の協力の他、付近住民による森の清掃や植栽協力が見られる。小学校の授業の場となっているものもあるが、市民団体等の組織的な管理参加は少なかった。

これからの社叢の保全・再生に向け

約二十年前の実態調査であり、現在は多少の変動もあると思われるが、基本的な状況に大きな変化はない。しかし社叢を取り巻く社会経済環境は大きく変化してきた。少子高齢・人口減少社会の到来、グローバルな観点（世界経済、地球環境）の拡大、合理化・効率化・収益性等の要請の強化、デジタル化の進展等による繋がりの分断（家庭、コミュニティ）等である。

その一方でローカルなものの価値が再評価されつつあり、社叢は重要な地域資源として注目されるようになっている。しかしながら調査研究で各委員から指摘された課題、①家郷性を持つ社叢への尊厳の浸透拡大、②科学的保全技術の向上、③政教分離ではなく歴史的緑地としての行政との連携、④市民の参画等――については、現時点でもなお取組みが不十分であり、今後、社叢関係者及び地域社会が一体となっての対策が待たれるところである。

※一　「都市における歴史的緑地の保全と再生に関する調査」(平成十五年～十七年) 国の調査に当学会が協力

※二　実態調査以降に、吹田市・垂水神社では隣接地のマンション開発が持ち上がり (神社側の対策で開発は阻止された)、また吹田市・吉志部神社は不審火で社殿が喪失するなどの変貌があった

都市における近現代の社叢の樹種の変化

NPO法人 社叢学会 理事
名古屋産業大学大学院准教授
長谷川 泰洋

社叢は伝統的な存在でもあるが、時代や地域住民（ここでは、氏子等社叢の管理に関わる主体全体を指す）との関係性で姿を変えている現在的な存在でもある。本稿では筆者が近年、愛知・名古屋市でおこなった調査結果などを交えながら、主に近現代の都市における社叢の樹種の変化やその社会的な扱いについて紹介する。

近現代の社叢での樹種の変化をみる

社叢はシイ(椎)・タブ(椨)・カシ(樫)などの常緑広葉樹(照葉樹)で構成される土地本来の原生植生(潜在自然植生)を保つ「郷土林」であると解釈されることが少なくない。しかし、こうした社叢観は現代的なものであるとの指摘も少なくない。

例えば明治時代の神社境内地の社叢は、「マツ（松）・スギ（杉）などの針葉樹林を理想とするのが神社林」との社会通念が主流で、大正九年（一九二〇）の明治神宮造営以後、社叢を生態学的な認識で捉え、全国的に稀少となった照葉樹林が残存する貴重な場所としての価値観が昂揚したと言われている。明治神宮の造営においては、内苑・外苑をそれぞれ聖と俗な空間として区分けして、社殿とその背後を森厳な森林区域とするヒエラルキーを明確化。この森林区域は、郷土樹種の極相状態(つまりは照葉樹林)があるべき姿とされた。そのため、明治神宮造営以後の神宮の林苑造営においては、昭和十三年(一九三八)滋賀・近江神宮の造営等でみられるように、照葉樹林を志向した林苑が整備された例がある。

この社叢における照葉樹林の価値観の昂揚には、薪炭林として利用されていた社叢が昭和三十年代後半からのエネルギー革命によって使われない生活様式に変遷したことにより、平地においては針葉樹の社叢で、丘陵地等の里山においては落葉広葉樹の社叢で、在来の自然植生である常緑広葉樹に遷移が進んだことによるとの指摘もある。また名古屋都市圏においては、昭和三十四年(一九五九)の伊勢湾台風により多くの社叢が甚大な被害に遭い(熱田神宮等も)、早期の社叢景観の回復を図るためにクスノキ(楠)が多く植樹されたことが影響したとも考えられている。

都市緑地の保全で重要な要素の社叢

昭和四十年代からは、公害問題等の影響で環境保全意識が高まり、都市緑地保全法などの緑地保全制度の制定が進み、社叢はその重要な対象の一つとして保全指定がおこなわれた。例えば、都市計画法（昭和四十三年、法百号）による風致地区の指定、都市緑地保全法（昭和四十八年、法七十二号）による緑地保全地区に関する都市計画、森林法（昭和二十六年、法二百四十九号）による保安林指定、自然公園法（昭和三十二年、法百六十一号）による各種指定、さらには鳥獣保護及狩猟ニ関スル法律（大正七年、法三十二号）による社寺境内での鳥獣捕獲禁止などの各種制度によってもまた、社叢は保全されてきた。

現在、名古屋市における特別緑地保全地区指定七十三地区のうち五十八地区が社叢、保存指定樹木約八百七十本のうち約六百四十本が社叢の樹木であり、社叢が保全対象として重要な要素となっている。そのため、名古屋市の保存樹には、神社でよくみかけるクスノキやイチョウ（銀杏）、クロガネモチ（黒鉄黐）の数が多い（図1）。

昨今では、自然性の高い社叢の都市環境の改善効果が評価されている。例えば東京都市圏の広葉樹大径木の多い社叢が二酸化炭素吸収能に優れていること、名古屋市では熱田神宮なども大規模な社叢がヒートアイランド現象の緩和に役立っていること

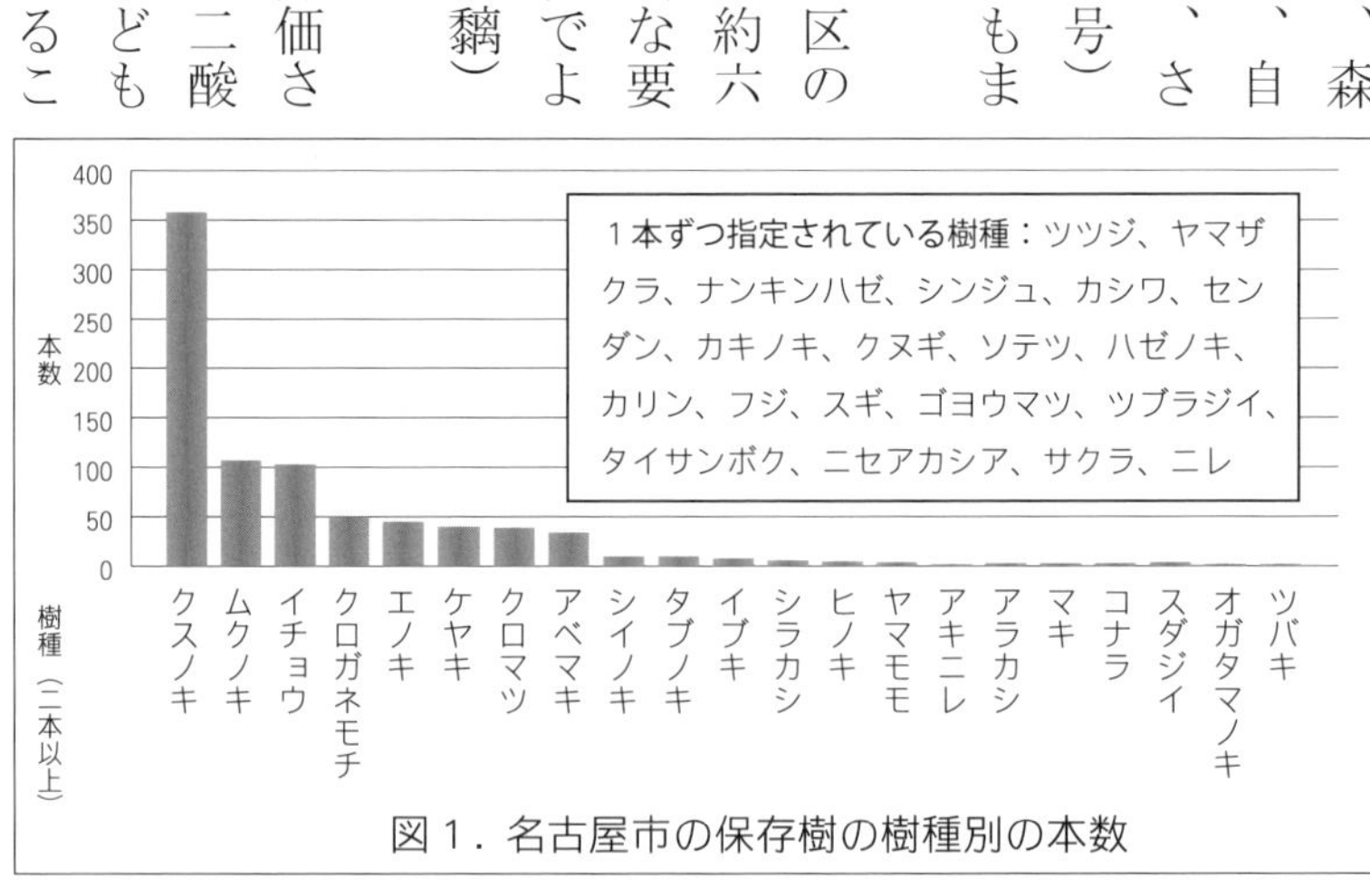

図1．名古屋市の保存樹の樹種別の本数

となど。また社叢の立地が斜面地や丘陵地等地形の変わり目に多く、かつ他の緑地との連担性が高いといった都市緑地として社叢が持つ固有の特徴が評価され、社叢を活かした緑地保全計画への期待が高まりつつある。

再生産されていく近現代の社叢景観

平成、令和の社叢はどうか。平成三十年に名古屋市内の神社管理者に対して、主に平成一桁代以後の境内における植樹と樹木の伐採についてのアンケート調査をおこなった結果（回答数九十二社）では、植樹した樹種は四十三種（品種は一つにまとめた）で（図2）、駆除した樹種は二十五種（品種は一つにまとめた）だった（図3）。

クスノキやマツ類、イチョウなどの駆除対象の樹木は、保存樹の状況からもわかるように（図1）、大径化した樹木の伐採がおこなわれていると考えられる。一方で、これらの樹種は植樹の対象にもなっており（図2）、過去に植栽された樹種を再植樹して、神社景観を維持する活動がおこなわれているようである。

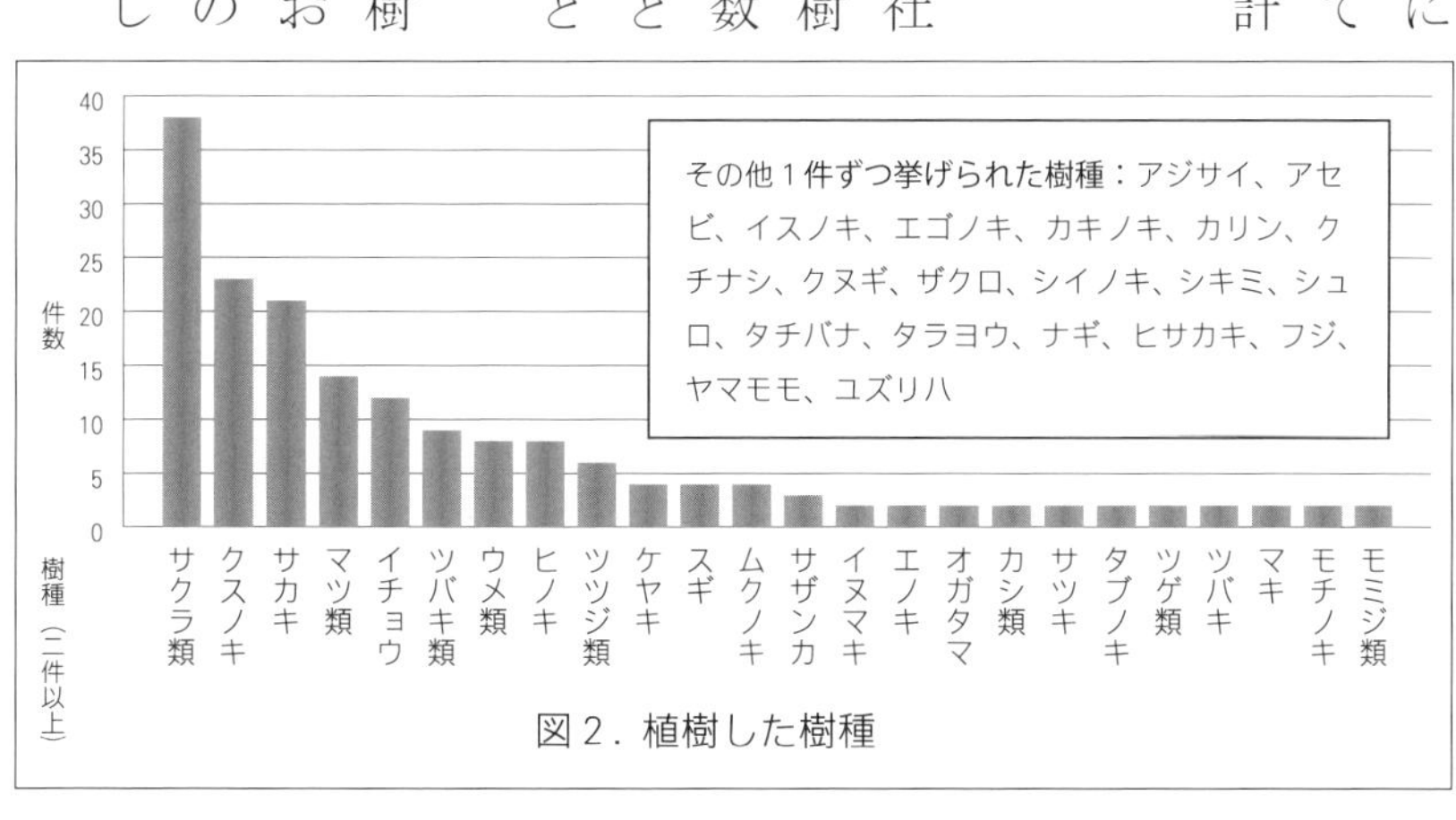

図２．植樹した樹種

クスノキ、イチョウなどが名古屋で数多く植えられ始めたのは、それほど古い話ではない。クスノキにおいては大正時代以降の熱田神宮への植栽や先述の伊勢湾台風による被害後の植樹の影響が、イチョウにおいては昭和四十年代後半以降の街路樹としての植栽の影響が大きかった。

こうして比較的歴史の浅い樹種による社叢景観であるが、神社の伝統的な景観と認識され、社叢景観が再生産されている。時系列で整理すると、平成二年以前の伝統的な景観維持を目的としてイチョウ・クスノキが植樹される傾向から、平成三年から十二年の観賞や記念植樹等を目的としたツツジ（躑躅）類の植樹、平成十三年から二十二年のウメ（梅）類の植樹、（さらには、平成二十三年から二十七年のサカキ〈榊〉の植樹）への変化が確認された。平成、令和の社叢も現代的な価値観を投影した姿に徐々に変わっていくようである。

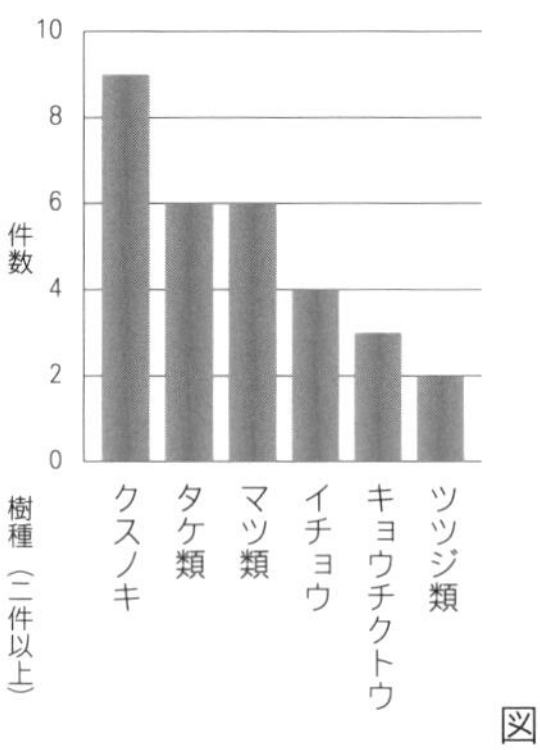

その他１件ずつ挙げられた樹種：アジサイ、ウメ類、エノキ、カシ類、コナラ、コニファー類、サカキ、サクラ類、タブノキ、ツツジ、ツバキ類、トウカエデ、ニセアカシア、ピラカンサ、フジ、ポプラ、ムクノキ、モッコク、ヤマモモ

図３．駆除した樹種

社叢に期待される新たな姿・形とは

このように、時代に応じて変化している社叢であるが、水源地、微高地、眺めの良い場所など、地理的に枢要な場所に立地していることが多いことから、時代を超えて普遍的に期待され

る役割もある。とくに近年注目されＳＤＧｓ（Sustainable Development Goals 持続可能な開発目標）や新たな生物多様性国家戦略で目標が設定されるＯＥＣＭ（Other Effective area based Conservation Measure その他の効果的な地域をベースとする手段・民間取組等と連携した自然環境保全）などにおいては、社叢が姿を変えながらも地域を象徴する自然を維持してきた場所であることの価値が再評価され、その存在意義はますます高まりそうである。

※図２・図３は次の文献から引用。長谷川泰洋「都市の神社境内地における植樹と樹木伐採の実態及び植樹の類型」『ランドスケープ研究八四(五)』(令和三年) 六七一―六七六頁。

緑のまちづくりと社叢

NPO法人 社叢学会 顧問
㈱総合計画機構相談役
糸谷 正俊

緑のまちづくり 計画策定率低く

緑のまちづくりとは、都市計画や地域計画の中で緑豊かな環境と美しい景観を生み出し、健康で文化的な暮らしを実現する取組みと理解される。まちづくりを所管する国土交通省で緑を扱う部局は公園緑地・景観課。公園緑地・景観課では、緑のまちづくりを推進するための施策として、都市緑地法を根拠とする緑の基本計画の策定を地方自治体に推奨している。

緑のまちづくりを進めるには、緑の基本計画策定と計画実現の施策推進がまたれるところであるが、その策定状況は平成二十八年度末（平成二十九年三月三十一日現在）で、策定済みの市町村が六百八十、策定中の市町村が十二。全国の都市計画区域を有する市町村数千三百七十四の約五割にとどまっている。

策定率が低いのは、「わが町には緑は多すぎる」「公園はもういらない」「緑の施策よりも町の活性化や高齢者の福祉などを優先すべき」「公園などにまわす財政力がない」などの声があるから、と思われるが、果たしてその声は正しいのだろうか。私には、為政者、行政当局、市民に、緑のまちづくりの本当の役割がうまく伝わっていないのではないか、と思われる。

緑の豊かな都市　役割や効果多く

都市計画法では、「都市の健全な発展と秩序ある整備を図るための土地利用、都市施設の整備及び市街地開発事業に関する計画」と都市計画を定義している。その実現の手法は、トップダウン型の規制、誘導、投資の三つ。これに対してまちづくりは、市民参加によるボトムアップ型の活動を意味する。都市計画が秩序ある都市空間形成の根幹をなし、都市活動の基本的なルールを示すものであるのに対して、まちづくりは、都市計画を補充し、肉付けし、暮らしやすい豊かな生活空間を実体化するための手法といえよう。

そして緑は、自然環境や自然景観を表象するとともに、コロナ禍で証明された心と体の健康を回復する場、災害などの緊急時に役立つ安心の場等として多様な役割を持つ。したがって緑のまちづくりは、自然が豊かで、美しい景観を楽しむことができ、健康で、安全・安心な暮らしを与えてくれる、市民の、市民による、市民のための取組みである、といえるだろう。

少子高齢化が進み、都市の活力が低下し、コミュニティの力も衰微している今こそ、まちを元気にする緑のまちづくり推進が求められる。

緑のまちづくり　社叢とも接点を

緑の基本計画を策定している都市でも、計画を実現する施策を実施している都市は少ないようだ。多くの都市が計画を作っただけで満足し、緑のまちづくりを展開している事例は多くない。そうでなければ、日本中に美しい緑のまちがもっと増えているはずだ。

緑の基本計画という行政計画はあるが、市民参加の活動計画と結びついていないことが、緑のまちづくりの大きな課題である。では、どうすれば良いか。

緑の基本計画もトップダウン型であるので、いくら市民参加を計画方針でうたっても、具体化は至難。それよりも歴史的に緑の市民活動を実践してきた運動体を評価して活動拡大を促し、ボトムアップしていくことが早道と考える。緑のまちづくりの活動母体となる遺伝子を持つのは、庭づくりの好きな人たちの集まり、公園で各種のボランティア活動をしているグループ、ホタル（蛍）やトンボ（蜻蛉）の保護団体、そして鎮守の森など社叢の保全管理を担う総代会等の組織、これらを緑のまちづくり実戦部隊として認定・評価し、これらの活動の連携強化、組織化、ネットワーク化、底上げを図ることが重要である。

地域に根差した緑の代表格である社叢は、その宗教性・聖域性から、緑のまちづくり運動としての接点は少なかった。しかし、基本的にその場所を動かず、時間を濃密に蓄積してきた社叢の存在は、緑のまちづくりの根幹として位置づけられるものであり、空間的にも運動体としても、ネットワークの核としての活用が望まれる。

取組み事例あり　京都・水度神社

京都府城陽市の水度(みと)神社は式内社であり、神社そのものがまちの宝であるとともに、参道林は市の緑のシンボル軸と認定され、境内林は立派なシイ（椎）林が形成されてフクロウ（梟）が営巣している。また神社背後の社叢は、市民グループ「鴻ノ巣山を守る会」によって良好に管理されている。市と神社と市民団体との間に強い連携があり、緑のまちづくりを具体的に推進している好例といえるだろう。社叢学会も折々に協力しているが、こうした取組みが全国に広がっていくことを期待している。

水度神社一の鳥居と参道林（平成30年11月筆者撮影）

鎮守の森の新たな意義「ＯＥＣＭｓ」

ＮＰＯ法人 社叢学会 副理事長
京都大学名誉教授・京都市都市緑化協会理事長
森本 幸裕

令和四年は鎮守の森の保全にとって、おおきな節目の年となりそうです。その理由は、人類の生存に欠かせない多様な生き物や生態系を守る「生物多様性条約」の新しい世界目標が決まって、その達成に鎮守の森の貢献も期待されるからです。半世紀に亙る環境をめぐる世界の潮流における新たな展開のなかで、わが国に根づく、自然と共生する作法に陽が当たるようになるのか――経緯も含めて御紹介します。

環境関連の条約が次々と締結されて

人間にとって快適な大気組成や気候のバランスを保ち、生活の資源を提供してきた地球生命圏。しかし人類の活動が過大になると、逆にその生存基盤が脅かされることになります。国際的にこの危機が初めて取り上げられた国連人間環境会議（ストックホルム会議）で「人間環境宣言」が採択されたのは、昭和四十七年（一九七二）のこと。日本では四大公害がたいへんな時期でした。

しかし、その後も森林破壊や温暖化、オゾン層の破壊等が進んでいき、ブラジルで「国連環境開発会議」（地球サミット）の一大イベントが開催されたのが平成四年。これを契機に、生物多様性条約だけでなく、気候変動枠組条約、砂漠化防止条約の三つの環境関連条約が締結されたのです。

生物多様性の損失　感染症の危機招き

地球環境問題には温暖化やオゾン層の破壊、海洋の酸性化などいろいろあります。しかし実のところ、何がどの程度危険なのでしょう。地球のシステムは、少しの攪乱なら元に戻るレジリエンス（復元能力）を備えています。でも攪乱が大きすぎて、ある閾値を超えると別の安定系、つまり人間には住みづらい世界になってしまうのです。

例えば、少し温暖化すると北極海の氷が溶けます。すると太陽からの放射を反射していた氷がなくなるのでアルベド（反射能）が低下し、ますます温暖化が進みます。気温が五度上がるとアマゾンの熱帯林が灌木林や草原になってしまって、元に戻りません。

ヨハン・ロックストローム博士と研究グループは、プラネタリー・バウンダリー（地球の限界）という概念を発表して、国際的取組みに貢献しました。人間が安全に活動できる範囲を、気候変動や化学物質循環など九つの地球システムについて評価したのです。その結果、最も危機的で安全運転の限界を超えているかもしれない、というのが「生物多様性の損失」とのことでした。

なるほど、新型コロナウイルス感染症の世界的大流行が起こりました。これは人獣共通感染症で、いわば「侵略的外来種」問題です。「生物多様性国家戦略」では「第三の危機」の範疇。ちなみに、「第一の危機」が過度の開発や生物の利用による危機、「第二の危機」が里地里山の放棄のような管理不足による危機、「第三の危機」が外来種や化学物質など外からもたらされるものによる危機、「第四の危機」が地球温暖化に伴う危機です。

ポスト「愛知目標」 陸海三〇%を保全

平成二十二年に日本で開かれた生物多様性条約の第十回締約国会議（ＣＯＰ10）では、「愛知目標」を定めました。二〇五〇年（令和三十二）の自然共生社会の実現に向けて、二〇二〇年（令和二）までに生物多様性の損失を止めるための効果的かつ緊急の行動を実施するとして、二十の個別目標を掲げたのです。しかし、条約の補助機関がとりまとめた「地球規模生物多様性概況第五版」では目標は達成できなかったとされています。

そこで、コロナ禍で延期・変則開催となった第十五回締約国会議（ＣＯＰ15）の第一部（令和三年十月）では、今度こそ、遅くとも令和十二年（二〇三〇）までに生物多様性の減少傾向を食い止め、回復に向かわせる「ネイチャー・ポジティブ」を目指すという「昆明宣言」が採択されました。その達成のため、今年の第二部ではポスト「愛知目標」として、「30ｂｙ30（サーティ・バイ・サーティ）」が挙がっています。つまり、令和十二年（二〇三〇）までに陸と海の三〇％を保全するという目標です。

ＯＥＣＭへの登録　社叢保全に価値が

保護区といえば、自然公園や鳥獣保護区、国有林の保護林など。これまで、行政が保全を目的に指定してきた地域を、条約事務局に報告してきました。しかし、生物多様性とその恵みの実態から見ると、保護区の考え方そのものの再検討が必要なのです。

人間の活動がまったく及んでいない陸地は全体の一〇％。しかも大半はロシアやカナダなどの高緯度の国々の辺境地にあって、世界の保護区の約三割に「強い人的圧力」があると、科学誌『サイエンス』の論文が指摘しています。また、科学誌『ネイチャー』の「二十一世紀の保護区」と題した論文では、保護区に設定しやすいところよりは、「生物多様性から見て重要なところを設定にするなどの保護区のデザイン」「温暖化への適応策」「保護区の自然の恵みを地域住民が継承できるような保護の枠組みと管理」が重要としていました。

ですから、これまでの保護地の質と量を拡充するだけでなく、利用や管理の目標に拘らず、実態として生物多様性の保全に貢献している地域を評価しないといけない、ということです。つまり民有地でも、人々の努力で保全されている社寺林や里山等をＯＥＣＭｓ（保護区以外の効果的な地域をベースとする手段）として認証しようということになります。

日本の保護地は現在、陸域の二〇・五％、海域で一三・三％です。そこで、国際約束を達成するためにも、国は「ＯＥＣＭ」の国内認証を始めることにしました。まずは環境省が令和五年には百カ所程度を目標に「自然共生エリア（仮称）」として試行的に認定作業を進め、これまでの保護区との重複を除いた分を国際データベースＷＤ―ＯＥＣＭに登録して、生物多様性条約事務局に報告。課題を整理した後、作業を民間に移管したいとのことです。

平成三十年の第十四回締約国会議（ＣＯＰ14）で採択されたＯＥＣＭｓの定義は「付随する生態系の機能とサービスなどの地域の価値とともに、生物多様性の保全にとっても長期の成果が担保できている（抜粋）」です。面積は限られ

国際自然保護連合のＯＥＣＭｓガイドラインの表紙

ていても、多少の献木等の人為はあっても、長年担保されている森はその地域ならではの様相を備え、祭事の場となる鎮守の森はこの定義に適うでしょう。すでに保護区に登録されている鎮守の森もありますが、神社や地域の人々や企業等が継承してきた保全の努力が、国際的な認証を受けられることの意義はたいへん大きいのではないでしょうか。

同様に、鎮守の森について保全の担い手とともに地域に密着した学際的な調査研究と情報発信を進めてきた社叢学会にとっても、さらに社叢管理のスペシャリスト「社叢インストラクター」にとっても、そしてわが国の自然共生思想の国際的認知という意味でも、ＯＥＣＭｓは踏ん張りどころのように思います。

災害で社叢が果たした役割

命を守る築山―日和山（ひよりやま）と命山（いのちやま）

NPO法人 社叢学会 理事
國學院大學名誉教授
茂木 栄

東日本大震災の直後から随所で見られた、伝統的な宗教的自然景観（主に鎮守の森と神社）が被災を免れて、何もなくなった集落の中に無傷で残っている光景。これが何を意味するのかを、その経過を観察し続けることで探ってきた。

災害後、残った神社とコミュニティ復興の推移を見ながら、神社に付随したソフトウェアとしての祭や民俗芸能、行事が大きな力になっていったことはよく知られることとなった。さらに本稿では江戸時代に遠州地方で築かれた命山、江戸期に海運の安全を見守るため全国の港に造られた日和山のなかで、東日本大震災に関わった山に注目し、報告する。

遠州灘沿いに点在 命山に注目をして

静岡県袋井市旧浅羽町には、ヤマ（山）、ツカヤ（塚屋）、ツキヤマ（築山）、タカ（高）、イノチヤマ（命山）と呼ばれる微高地がある。『浅羽町史民俗編』によれば、ツカヤは、松原にあるような屋敷にヤマを取り込み、なおその上に地の神を祀って生活の安泰を願った屋敷の付設と考えられる。さらに土盛りをして、水害の際にこのツカヤに上って避難生活を送った。このようなツカヤの発展したものとして、砂山を共同でさらに高くして稲荷などを祀ったものが、大野や中新田に見られる命山であると考えられる。なお、『浅羽町史民俗編』によれば、命山は、延宝八年（一六八〇）の高潮を契機に横須賀藩の命によって築かれたとされる。

中新田命山

静岡県袋井市（旧磐田郡浅羽町）中新田にある小高い丘。命山と呼ばれ、県の文化財にも指定されるその山の由緒を記した看板が山の入り口に建てられている。その案内板には、「かつての中新田地区は、集落の東側や北側にかけて入江が深く入り込み、高潮の被害を受けやすい地形でした。延宝八年（一六八〇年）八月六日に東海地方を襲った台風は、江戸時代最大と言われるほど多くの被害をもたらしました。（略）この村では老若男女三〇〇人が死亡した」と、被害のすさまじさが記録されている。『横須賀根元歴代明鑑』によると、中新田の命山（助け山とも記される）は延宝の高潮災害の後に造られ、その後の高潮では村人全員がこの山に登り、船で対岸の横須賀から食料を調達したり、潮が引くのを待ったりしたことなどが詳しく記されている。

大野命山

同じく県の文化財に指定される同市大野の命山も案内板の説明によれば、中新田命山と同一時期に造られたものと考えられるとし、「形状　大野の命山は、周りの粘土質の土を盛り上げて築かれました。西側が削られていますが、形状は二段築成の小判型で、基底部が東西二四メートル、南北三八メートル。上段部は東西一七メートル、南北二七メートルの長方形。高さ三、七メートルの規模です。中新田の命山は砂質の土を盛り上げて築かれ、形態は方形というように同じ命山でも両者は異なっています」とある。

全国に約八十カ所　日和山は造られて

江戸時代の海運業の発展に伴って整備された風待ちの港。港を見下ろす小高い山に、観天望気のため、日和を見るために造られた山である。共通して日和山と呼ばれた。

作ったのは、船主である廻船問屋たちであることが各地に残る方位石の刻字からわかる。全国に約八十カ所の日和山があり、江戸時代千石船の出入航の日和を見る場所や航路目標の重要な山であった。南波松太郎氏によれば(『船・地図・日和山』法政大学出版局、昭和五十九年刊、五七七頁)、日和山には左記の五つの主役目と三つの副役目とがあったという。

①主役目＝日和を見ること。出船を見送ること。入船を望見すること。入船との連絡をとるこ

と。入船の目印となること。
②副役目＝遊覧場所となること。商人の商況判断の資料を得ること。唐船見張り番所の設置と砲台の築造。
もちろん、一つの日和山でこれらすべてを兼ね備えているわけではないが、絶対の共通条件は日和を見ることであり、海の様子、空の様子、観天望気を目的としていた。この日和山と神社が津波から人々の命を救った例が宮城県石巻市の日和山であった。

石巻市の日和山

石巻市日和が丘では、東日本大震災の津波から、その日和山が多くの人命を救っている。石巻市は、平成二十三年三月十一日の東日本大震災により、死者三千二百七十七人、関連死二百七十六人、行方不明四百十七人（令和三年十月末日現在・石巻市ウェブサイトによる）もの犠牲者が出てしまった。

石巻市の最も津波被害が大きかった北上川河口石巻湾一帯を一望できる日和山。山頂の丘に鎮座するのが、式内社としての古い由緒を誇る鹿島御児神社（日和山神社）である。震災当日、近隣住民の避難場所として多くの命が救われた場所でもあった。

名取市の日和山

名取市閖上（ゆりあげ）に小高い丘が造られている。これを日和山と呼び、山頂には忠魂碑と湊神社から遷座された富主姫神社の社殿があったが、東日本大震災の大津波により、すべて流失してしまった。

日和山参道の傍らにあった説明板にはこうある。「日和山は、閖上漁港への船の出入りを見るためと、漁師が気象、海上の様子などを見るため、一九二〇年（大正九年）に築造された山です。標高六・三メートルの山頂には、富主姫神社の社殿などがあり、地域の人々が集う憩いの広場として親しまれてきましたが、二〇一一年（平成二十三年）三月十一日に発災した東日本大震災による大津波にのみ込まれ社殿が流失、石碑は倒壊してしまいました。山頂に残った木の幹に大津波の爪あとが残っていたことから津波は山頂から二・一メートルの高さまで水位が達したことが推定されます。震災後の二〇一三年（平成二十五年）五月に現在の社殿が再建され、日和山には多くの人が訪れるようになり、鎮魂の場所としてもまた、名取市全体の復興のシンボルとして重要な場所の一つになっています」。

この日和山の築造は新しく、大正九年在郷軍人分会の発起による人々の勤労奉仕で二層に造成された。日和山築造当時の写真と見比べると大震災直前の日和山は基壇部分が埋まって一層になっていたことがわかる。現在は大震災犠牲者の鎮魂の場となっている。

現代の命山、袋井市大野地区
寄木の丘　収容人員三百人

現代における命山　各地で造られ始め

大津波から住民の命を守った日和山、住民の命を高潮・津波から守るために築かれた命山、災害から命を守る伝統的なシステムがあったこと、また、現代にも活かすことのできる施設との考え方と認識が広がり、遠州灘沿いの地域、仙台平野はじめ日本各地に、現代の命山や人口の丘が造られ始めている。

女性宮司の社叢再生の足跡

NPO法人 社叢学会 副理事長
大阪産業大学大学院教授

前迫 ゆり

地域と歩みだす八重垣神社の姿

仙台駅から常磐線に乗り換えて一級河川・阿武隈川をわたる。令和四年五月、山元駅に降り立つと、藤波祥子宮司がにこやかに出迎えてくださった。震災後、内陸側に移設された駅周辺は震災直後の原野ではなく、新緑の田園が広がり、山裾まで多くの家が建っていた。宮城県亘理郡山元町の八重垣神社を初めて訪れたのは平成二十四年七月であったが、十年という歳月をかけてまちが活気を取り戻していることを感じた。

震災の翌年、境内に植栽された一対のサカキ（榊）と、流されずに凛と生育するクロマツ（黒松）が印象的であった（写真1②）。この神社は大同二年（八〇七）に創祀された旧村社、主祭神は神速素盞嗚尊である。海からわずか数百メートルと海岸に近いことから、今も「災害危険区域」に指定されており、神社周辺には流されなかった数件の家と原野と田園が広がっている。

写真1① 被災前の本殿〈山元町役場提供〉

写真1② 社殿が流された境内。社殿跡に一対のサカキが植栽された（平成二十五年十月撮影）

写真1③ 平成二十九年に建てられた社殿と神木のクロマツ（令和四年五月撮影）

クロマツと祭事

神社再興にとって祭礼は神社のみならず、人と人をつなぎ、地域をも活性化する。神社から笠野海岸まで若者が神輿を担ぐ夏祭りは震災の翌年から実施された（**写真2**）。祭礼には地域内外から千人を超える人々が集まる。残念ながら、令和二・三年はコロナ禍で中止され、令和四年も議論の末、全面開催は見送ることになったそうだ。

海岸の防潮堤は震災以降、幅が広く高いものとなり、海岸線にはテトラポットが置かれている。残念ではあるが笠野海岸の砂浜は減ってしまい、残るわずかな砂浜は美しい白砂である。若者が神輿を担ぎ、神社から海までの数百メートルの「おさがり道」をゆく。この夏祭りは人々の心をも揺さぶる。

海岸林形成の歴史をたどると、慶長年間（一五九六―一六一五）に遡る。伊達藩の砂防林植栽は日本のなかでも先駆け的事例。海岸のクロマツ林は人々の暮らしと東北太平洋岸の景観に重要な役割を果たしてきた。津波で多くの植栽クロマツは流されたが、海岸のクロマツ林は減災に貢献したというデータが報告されている。海岸のクロマツは飛砂を防止するなど、人々の日々の暮らしを支えてきた。

宮司によると、昭和後期（およそ三十～四十年前）まで、松葉はタイヤのように束ねて縄で結び、竈などの燃料にされた。境内の松葉や松かさも、地域の人々が落ちるのを待って持って行ったため、松葉を掃いたことがなかったと語る。つまり、クロマツは地域景観としての美し

写真2　八重垣神社の祭事（天王まつり）。海岸まで神輿を担ぐ（平成29年7月撮影）〈山元町役場提供〉

さはもとより、当時の人々にとっては生活必需品でもあった。

海岸の防潮堤に立つと、遠くに八重垣神社のクロマツ、そしてクロマツの「イグネ（居久根）」を望むことができる。境内には今もおよそ十本のクロマツが残るが、新しく建った社殿の北西側にある神木のクロマツは幹周二・九六メートル、樹高二十メートルを超える（写真1③）。宮司のお話によると、クロマツは冬期に海岸からの潮風を受ける厳しい環境のためか年輪幅は狭く、かつて伐られたクロマツの年輪は、およそ四百年以上を数えたという。八重垣神社創祀から千二百年以上経つが、この神木のクロマツも長い歳月を神社とともに生き抜いてきたのである。

社叢と社殿再生

震災直後から藤波宮司の思いは、社殿再建と社叢再生にあった。日本財団の補助金による「いのちの森　鎮守の森プロジェクト」によって植樹は震災翌年の平成二十四年にスタート。二十八年夏、三度この神社を訪れると、植樹された森は生長し、仮社務所と仮社殿が構築されていた。五年の歳月をかけて精力的に動かれた宮司の御奮闘が目に浮かぶようである。新社殿は六月に地鎮祭がおこなわれ、二十九年七月に完成した（写真1③）。

令和四年五月、社殿にあがらせていただくと、建築から五年建っているとは思えないほど、青森ヒバ（檜葉）のよい香りがした。その一方、銅板葺きの屋根や外壁はすでに風格が漂う色合いに変化していた。東北の強い北風と飛砂のなせる技であろう。金具は金が使用されており、外壁の風雪に晒された風合いとは不釣り合いなほど、黄金に輝いていた。

震災前の社殿（写真1①）はケヤキ（欅）材が使用されていて、細工も凝っていた。新社殿は、本殿と拝殿がつながる設計である。かつての社殿と建築様式は異なるものの、このような荘厳な社殿を考案された設計者とそれを構築された宮大工のみなさまに敬意を表したい。

社殿建築にあたっては国宝・大崎八幡宮宮司のお力添えがあった。震災以降、一貫して社叢と社殿の再生に取り組まれた藤波宮司の原動力は、圧倒的なバイタリティとそれを支える神社関係者と地域の人々との信頼関係の賜といえるだろう。

これからの社叢

八重垣神社は海岸の砂浜の延長線上に建つ神社であり、震災前、境内は水はけのよい砂地であった。クロマツが順調に生長した所以でもあるだろう。第一回「みんなの鎮守の森植樹祭」（日本財団共催・日本文化興隆財団事業協力）は、氏子さんとボランティア五百三十人が参加して、平成二十四年六月二十四日におこなわれた。

宮脇昭博士の植栽手法により、将来、クロマツ林ではなく、タブノキ（椨）林が社叢の中核となることを想定してタブノキ、ヤブツバキ（藪椿）、シラカシ（白樫）、トベラ（海桐花）などの常緑広葉樹、コナラ（小楢）、ムラサキシキブ（紫式部）などの落葉広葉樹など計二十一種類が植栽された。境内を取り囲むように植栽マウンドが設置されている。マウンドには良質な土壌が使用されたことから、樹木の生長は順調である（写真3①）。

京都御所から平成二十九年に数百本のアカマツ（赤松）苗が献木・植栽された。宮司に尋ねると、積雪は年に数回、数センチ程度とのこと。海風と北西の強い季節風が心配されたが、内陸育ちのマツ苗の生長は極めて良好である。今後、樹木同士の競争が働き、かなりの樹木は淘

写真3①　八重垣神社西側の社叢（令和4年5月撮影）

1　震災前から生育していたエノキ
2　震災前から生育していたクロマツ
3　神木のクロマツ（幹周3メートル）
4　京都御所から平成29年に献木されたアカマツ
5　植栽されたタブノキ

写真3②　平成28年8月時点での北西の植生マウンド（境内側から撮影）。厳しい季節風のためか若干、生育不良であった

1　写真3①のエノキ

汰されていくであろう。社叢は公園緑地や里山とはまったく異なり、地域の気候と風土に育まれた社叢になるまでには長い時間を要する。

積雪や乾燥による枯死（写真3②）、強風による幹折れなど、地域の気候によって自然は大きなエネルギーで動く。そのエネルギーに対して社叢の動態を見守り、その変化に対して順応的な対応を考えることが必要である。津波に流されずに残ったクロマツ、良好な生長をつづける植栽された「鎮守の森」、そして藤波宮司の笑顔からこの地域の自然と人の調和がみえた。

古社に見る災害の記憶と防災に果たす鎮守の森の役割

NPO法人 社叢学会 理事
千葉大学大学院客員教授
賀来 宏和

本稿では延喜式内社などの古社に残された災害の記憶と現代の神社における防災上の鎮守の森の役割やその活用事例などについてまとめてみたいと思います。

平成二十三年の東日本大震災では多くの神社が被災しました。その状況と復興の様子は、神社新報社がまとめた『東日本大震災 神社・祭り―被災の記録と復興―』(平成二十八年)に明らかです。この大震災の後、神社の鎮座地は古社であるほど安全であるというような諸説が世に出ていましたが、これは社業学会での現地調査や私自身の古社参拝の経験から見れば、正しくもあり、間違ってもいます。

東日本大震災の事例で見ると、福島では陸奥国行方郡の延喜式内社・御刀神社や標葉郡の苕野神社が津波によって流失していますし、宮城では牡鹿郡の拝幣志神社の幣殿が流失しました。一方、宮城県牡鹿郡女川町では、漁港周辺の集落地内の神社を除き、海沿いの里山の山麓に鎮座する神社は、参道まで津波が押し寄せたものの社殿の流失を逃れ、それぞれの神社の鎮座地をつなぐと津波の到達線とほぼ一致するという結果になっています。

つまり古社といえども被災の歴史はあり、幾多の災害を経ても、その地に鎮座すべき意味のある神社もあるのです。また、恐らく女川町では過去の津波の経験から、津波の到達しない位置に社殿が再興され、避難地としての役割があったのではないかと推量されます。

災害時の記憶を伝える式内社が

近年も、南海トラフなどの海溝型の大地震や富士山などに代表される火山の大規模な噴火が警告されています。延喜式内社のなかには、過去のこのような大災害の記憶を現在に伝える神社が。自然の猛威によって実際に被災した神社、災害を神々の怒りと捉え、それを鎮めるために祀られた神社、さらには歴史の記録に残された災禍をそのまま由緒に残す神社などがあります。

加賀国石川郡の延喜式内社・楢原神社が三社の論社を持つのは、往古の手取川の氾濫により流失した社地がその後の集落の再興に合わせて分祀されたことを推察させます。甲斐国巨麻郡の延喜式内社・笠屋神社は、ほぼ未詳社とされ、現在七社の後継社の可能性が考えられますが、これも甲府盆地を流れる釜無川や笛吹川の氾濫による流亡とされます。

遠江国浜名郡の延喜式内社である名神大社の角避比古神社は、明応七年（一四九八）の明応地震の際の津波によって元の鎮座地が流失したと推量されます。明応地震は、南海トラフの巨大地震と推定され、元は淡水湖であった浜名湖の湖岸の一部が大津波によって流され、現在のような遠州灘につながる汽水湖になった大災害です。

また、大隅国噌唹郡の延喜式内社・大穴持神社は元々、錦江湾内の神造嶋に鎮座していたお社が火山活動によって遷座を余儀なくされたもの。桜島など錦江湾一帯の火山活動を鎮めるために祀られたことが推量されます。

伊豆国の伊豆諸島は夫々の島に延喜式内社が鎮座していますが、とりわけ三宅島には狭い島内に十二社の延喜式内社が鎮座。これらは、平安期の三宅島をはじめとする伊豆諸島の盛んな火山活動を鎮めるための祭祀がおこなわれたためと考えられます。

さらに、伊豆国田方郡の延喜式内社である引手力命神社の考証の対象となった沼津市・大瀬神社の由緒も地震との関わりがあります。『日本書紀』天武天皇十三年（六八四）の条に記述される大地震により土佐国で多くの土地が海中に没した反面、伊豆では三百余丈もの土地が盛り上がって、島が誕生したといい、「御祭神が土佐から土地を引いて島を造った」との伝承に基づいて、引手力命をお祀りしたというものです。これも南海トラフの巨大地震と推量されます。

津波による被害　さまざまな事例

このような大災害が我々の目の前で起こった東日本大震災では、社叢学会も被災した神社並びに社叢の調査をおこないました。当時、沿岸部などに鎮座した神社では、社殿の倒壊や津波による流亡などの大きな被害が出ましたが、比較的軽微な被害で済んだ神社では、震災後の一時的な避難場所として多くの神社が活用されたことがわかっています。

福島県いわき市に鎮座する植田八幡神社では、鉄道脇の斜面地の鎮守の森の一部まで津波が押し寄せたものの、高台の境内には被災直後に二百人ほどが避難。日頃から神社に親しんでもらうために設けられた集会所「天心らんまん」には数日宿泊避難をした居住者もいたとされます。

海岸に隣接する高台の神社では、津波の際に境内に駆け上がって難を逃れた事例もありました。宮城県牡鹿郡女川町宮ケ崎に鎮座する山祇神社では、漁港関係者が境内で難を逃れていますが、東日本大震災当時にここまで津波が来たと警告し、それ以上の高台に上がることを注意喚起する石碑「女川いのちの石碑」が現在、境内に立てられています。

津波による被害は、海岸からの距離が大きく影響を及ぼしますが、その減衰には鎮守の森も一定の効果を発揮します。御紹介した延喜式内社・御刀神社では、境内地の海側の森に波高三メートルの津波が押し寄せ社殿も流失しましたが、陸側の森は被災が少なく、さらに陸側に隣接する住宅では一階がすべて浸水したものの流失を逃れました。

新しい取組みも　防災拠点に神社

こうした東日本大震災などで果たした神社の役割に注目し、防災の観点から神社や鎮守の森を見直そうという動きがあります。一つの先進的な事例として挙げておきたいのが、兵庫県立大学自然・環境科学研究所の髙田知紀准教授の取組み。髙田准教授は和歌山県における神社の災害リスクを調査され、紀伊国名草郡の延喜式内社で名神大社の伊達神社を対象とし、薮内佳順宮司や氏子・近隣の皆さんとともに神社を拠点として、防災を理念にしたコミュニティづくりを図っています。

調査では、和歌山県内の調査対象とした四百余社のうち、南海トラフの大地震で津波の被害を免れると想定される神社が九割を超え、またハザードマップでも九割の神社が河川の氾濫による浸水から安全とする結果が示されています。そのような調査の結果、安全性が確認された伊達神社を対象地として、氏子や近在の皆さんとともに神社を核とした地域の新しいつながりを構想。これまで交流の少なかった、氏子など古くから居住する人々と比較的新しくこの地に住まう人々とが、地域の由来や伝承などをともに学びながら、鎮守の森を地域の交流の場として復活させようという試みです。

『神社で防災』パンフレット・伊達神社編

自然の力の前に畏み、その恵みに感謝をしてきた伝統的な人々の長い営みの歴史を振り返る時、こうした活動は、今後の神社や鎮守の森のあり方に一つの大きな示唆を与えているように思います。

［注記］

神社では、植物名を漢字で表記することが多くあります。漢字で表記した植物名は植物分類学上の植物名とは必ずしも一致しませんが、本書では「植物名の漢字表記についても知っていただきたい」という思いから、植物名にあえて漢字を記載しました。

なお、ここに記載した植物名の漢字がほかの種（植物）を指す場合もあります。

あとがき

この書を手にとり、読者のみなさまには興味ある記事から読みすすめ、社叢がもつ自然の豊かさやそれらをつないできた人々の営みの深さ、さらには神社が有する文化の地域性と多様性に思いを馳せ、自然と人の関係性について思考を巡らせていただいたことと思います。薗田稔前理事長（現名誉顧問・秩父神社宮司・京都大学名誉教授）の発案で、神社新報社の新聞紙上で連載「鎮守の森の過去・現在・未来―そこが知りたい社叢学」がスタートしたのは令和三年十一月二十二日でした。

この連載は令和四年十月十日まで続き、掲載された記事は三十一編にのぼりました。現代社会におけるさまざまな課題を内包しながらも、その課題解決に重要な役割を果たす社叢を知っていただくために、多くの方にこの記事を読んでいただきたいという社叢学会の思いをくみ取っていただき、連載終了から時を経ずして書籍出版をお引き受けいただいた神社新報社のみなさま、それを後押ししていただいた全国の神社関係のみなさま、そして読者のみなさまに深く感謝いたします。

年間千ミリを超える降水量に恵まれた日本はまさに「森の国」であり、国土のおよそ七割が森林に覆われています。しかし気象条件を反映した自然の森は減少し、現在、世界的に保全が必要とされている生物多様性は劣化の一途をたどっています。そういう状況にあって社叢は断片的な自然林として、あるいは一本の巨樹や神木として、地域性と文化を反映する貴重な存在といえます。養老孟司氏が「春日神鹿御正体」(南北朝時代・国指定重要文化財)の鹿のまわりにつけられた榊のモチーフに虫が食べている葉をみつけ、「(虫さえもとらえた)昔の人は生物多様性が高い森が重要であることを知り、そこに神社を創ったんだ……」と語っておられました。さすがの視点に目から鱗の思いでした。

令和三年に開催された生物多様性条約第十五回締約国会議(COP15)の「昆明宣言」において、生物多様性の減少傾向を食い止め、令和十二年(二〇三〇)までに自然をプラスに転じさせる「ネイチャーポジティブ」が採択されました。それを受けて、日本では令和十二年までに陸と海の三〇%以上を健全な生態系として効果的に保全しようとする「30by30(サーティ・バイ・サーティ)」を目標にかかげています。その一環として、環境省は民間の取組等によって生物多様性の保全が図られている区域を「OECM・自然共生サイト(仮称)」として認定する仕組みを検討しており、今後、社叢がOECMとして重要な役割を果たすことはまちがいないでしょう。

「かつて日本列島に住みついた人々が『神々の森』を創ったのは、厳しく、しかし美しいこの日本の自然を、ただ畏怖し、あるいは制御するだけでなく、積極的に共生しようと考えたからであった。そういう日本人の思想のシンボルとなり、かつ、行動の結節点となったものが、以後の社叢であり、そのなかには変わらぬ日本の自然が生き続けている」

(社叢学会ウェブサイトより抜粋)

これは社叢学会発足時に、社叢を論じた一文です。日本人の思想のシンボルとなり、かつ、行動の結節点として現代まで引き継がれてきた自然と人が共生する森林である社叢は、未来にわたってますます貴重なものになるでしょう。

新聞記事の掲載から書籍出版にいたるまで、神社新報社編集部の伊垣友絵氏にはたいへんお世話になりました。厚くお礼申し上げます。未来にわたって森と文化が継承され、人と自然が共生する社会が実現することを願って、あとがきといたします。

令和五年一月二十三日

社叢学会副理事長　前迫　ゆり

執筆者略歴（五十音順）

葦津　敬之（あしづ・たかゆき）
社叢学会副理事長／福岡・宗像大社宮司
　昭和三十七年（一九六二）生まれ、皇學館大学文学部神道学科卒。愛知・熱田神宮での奉仕を経て神社本庁で財政部長・広報部長などを務めたのち、宗像大社に転任した

糸谷　正俊（いとたに・まさとし）
社叢学会顧問／㈱総合計画機構相談役
　昭和二十二年（一九四七）生まれ、京都大学農学部林学科卒。㈱公園マネジメント研究所経営顧問なども兼務。著書に『森林環境二〇一四　森と歩む日本再生』（共著・森林文化協会）、『景観の生態史観』（共著・京都通信社）、『市民参加時代の美しい緑のまちづくり』（共著・経済調査会）

岡村　穣（おかむら・ゆたか）
社叢学会理事／名古屋市立大学名誉教授
　昭和二十六年（一九五一）生まれ、九州大学大学院農学研究科博士後期課程修了、農学博士（九州大学）

賀来　宏和（かく・ひろかず）
社叢学会理事／千葉大学大学院園芸学研究科客員教授
昭和二十九年（一九五四）生まれ、千葉大学大学院園芸学研究科修士課程修了。㈱グリーンダイナミクス代表取締役、ＮＰＯ法人日本園芸福祉普及協会理事も務める。著書に『緑の都市へ』（環境緑化新聞社）、『花から華へ～ガーデニングの未来を占う』（主婦の友社）

上甫木　昭春（かみほぎ・あきはる）
社叢学会理事／大阪府立大学名誉教授
昭和二十九年（一九五四）生まれ、大阪府立大学大学院農学研究科修士課程修了。のちに博士（学術）の学位取得。公益財団法人兵庫丹波の森協会・丹波の森研究所特任研究員も務める。著書に『地域生態学からのまちづくり』（学芸出版社）、『大阪湾の自然と再生』（共著・大阪公立大学共同出版会）、『検証・学校ビオトープ』（共著・大阪公立大学共同出版会）、『はじめての環境デザイン学』（共著・理工図書）など

木村　甫（きむら・はじめ）
社叢学会理事／沖縄民俗学会会員
昭和二十一年（一九四六）生まれ、東京農業大学農学部林学科卒、沖縄国際大学大学院地域文化研究科民俗学領域修士課程修了。元公立中学校教員

櫻井　治男（さくらい・はるお）
社叢学会理事長／皇學館大学名誉教授
昭和二十四年（一九四九）生まれ、皇學館大学大学院文学研究科修士課程修了、博士（宗教学）。日本宗教学会評議員、神道宗教学会理事、神道文化会理事なども務める。著書に『地域神社の宗教学』（弘文堂）、『知識ゼロからの神社入門』（監修・幻冬舎）、『神道の多面的価値』（皇學館大学出版部）

塩谷　崇之（しおのや・たかゆき）
社叢学会理事／埼玉・秩父今宮神社宮司／弁護士
昭和四十年（一九六五）生まれ、東京大学法学部卒。神職の傍ら東京・真和総合法律事務所で弁護士を務める。法律関係の共著も執筆

薗田　稔（そのだ・みのる）
社叢学会名誉顧問／京都大学名誉教授／埼玉・秩父神社宮司
昭和十一年（一九三六）生まれ、東京大学大学院人文科学研究科博士課程修了。神社本庁理事や埼玉県神社庁長などを歴任。著書に『祭りの現象学』（弘文堂）、『誰でもの神道　宗教の日本的可能性』（弘文堂）など

武田　義明（たけだ・よしあき）
社叢学会理事／神戸大学名誉教授
　昭和二十三年（一九四八）生まれ、神戸大学農学部卒、博士（学術）。東お多福山草原保全・再生研究会会長、吹田みどりの会会長、紫金山みどりの会会長も務める。著書に『生態学』（編著・化学同人）、『ヒトと社会と環境』（共著・古今書院）、『環境学入門』（共著・アドスリー）

長谷川　泰洋（はせがわ・やすひろ）
社叢学会理事／名古屋産業大学大学院環境マネジメント研究科准教授
　名古屋市立大学大学院芸術工学研究科博士後期課程単位取得退学、博士（芸術工学）。なごや生物多様性保全活動協議会会長、日本造園学会中部支部常任運営委員も務める。著書に『空間コードから共創する中川運河』（共著・鹿島出版会）

服部　保（はっとり・たもつ）
社叢学会理事／兵庫県立大学名誉教授
　神戸大学大学院自然科学研究科修了、学術博士。兵庫県立南但馬自然学校学長も務める。著書に『環境と植生三〇講』（朝倉書店）、『照葉樹林』（神戸群落生態研究会）

濱野　周泰（はまの・ちかやす）
社叢学会副理事長／東京農業大学客員教授
昭和二十八年（一九五三）生まれ、東京農業大学農学部造園学科卒、博士（生物環境調節学）。鶴岡八幡宮大イチョウ再生統括、明治神宮境内第二次総合調査植物分野主査、社会資本整備審議会専門委員、特定外来生物審議会専門（樹木）委員、NPO法人花と緑のまち創造協会理事長を務める。著書に『葉っぱで覚える樹木Ⅰ・Ⅱ』（柏書房）、『大人の園芸-庭木』（監修・小学館）、『イチョウの絵本』（農文協）他

濱上　晋介（はまがみ・しんすけ）
社叢インストラクター／大阪・枚岡神社権禰宜
昭和四十六年（一九七一）生まれ、京都國學院卒。枚岡神社で奉務する傍ら平成二十二年に社叢インストラクターの資格を取得した

原　正利（はら・まさとし）
社叢学会理事
昭和三十二年（一九五七）生まれ、東北大学大学院理学研究科博士後期三年の課程修了、理学博士。元千葉県立中央博物館生態・環境研究部長。著書に『ブナ林の自然誌』（平凡社）、『どんぐりの生物学――ブナ科植物の多様性と適応戦略』（京都大学学術出版会）他

広井　良典（ひろい・よしのり）
社叢学会理事／京都大学人と社会の未来研究院教授
　昭和三十六年（一九六一）生まれ、東京大学大学院総合文化研究科修士課程修了（学術修士）。鎮守の森コミュニティ研究所所長も務める。著書に『ポスト資本主義』（岩波新書）、『人口減少社会のデザイン』（東洋経済新報社）、『無と意識の人類史』（東洋経済新報社）

前迫　ゆり（まえさこ・ゆり）
社叢学会副理事長／大阪産業大学大学院教授
　奈良女子大学大学院人間環境学研究科博士課程単位取得満期退学（学術博士）。植生学会副会長、紀伊半島研究会会長、関西自然保護機構会長も務める。著書に『カワウが森を変える―森林をめぐる島と人の環境史』（共著・京都大学学術出版会）、『シカの脅威と森の未来―シカ柵の有効性と限界』（編著・文一総合出版）、『世界遺産春日山原始林―照葉樹林とシカをめぐる生態と文化』（編著・ナカニシヤ出版）

味酒　安則（みさけ・やすのり）
社叢学会前理事／福岡・太宰府天満宮顧問
　昭和二十八年（一九五三）生まれ、國學院大學文学部神道学科卒。福岡女子短期大学客員教授、九州国立博物館文化財保存修復施設運営委員会副会長、福岡県立美術館協議委員長、太宰府市文化振興

審議会会長などを歴任。著書に『天満天神』(共著・筑摩書房)、『太宰府百科事典』(編著・太宰府天満宮文化研究所)、『太宰府系天神縁起の世界』(共著・太宰府顕彰会）など

茂木　栄（もぎ・さかえ）
社叢学会理事／國學院大學名誉教授
昭和二十六年（一九五一）生まれ、成城大学大学院常民文化専攻満期終了。民俗芸能学会理事・神道宗教学会理事・東京都民俗芸能大会実行委員会委員長なども務める。著書に『まつり伝承論』(大明堂）など

森本　幸裕（もりもと・ゆきひろ）
社叢学会副理事長／京都大学名誉教授
京都大学大学院博士課程満期退学（農学博士)。公益財団法人京都市緑化協会理事長も務める。著書に『景観の生態史観』(編著・京都通信社)、『Landscape Ecological Applications in Man-Influenced Areas』(共編著・Springer)、『実践版！グリーンインフラ』(共著・日経ＢＰ）など

渡辺　弘之（わたなべ・ひろゆき）
社叢学会顧問／京都大学名誉教授
京都大学大学院農学研究科林学専攻博士課程修了（農学博士)。ＮＰＯ法人自然と緑・自然大学学長、

滋賀県生きもの総合調査部会長、日本土壌動物学会名誉会員も務める。著書に『京都　神社と寺院の森　京都の社叢めぐり』(ナカニシヤ出版)、『神仏の森は消えるのか　社叢学の新展開』(ナカニシヤ出版)、『熱帯の森から　熱帯研究フィールドノート』(あっぷる出版社)

社叢学会（しゃそうがっかい）

社叢とは神社の森、すなわち「神々の森」。この「神々の森」には鎮守の森をはじめとする社寺林、塚の木立、ウタキ（沖縄の聖域）などが含まれる。社叢学会は、こうした「神々の森」について関連するさまざまな研究分野の垣根を取り払って調査研究を進め、地域に密着した新しい学問の創造と社叢の保存・開発をめざして平成十四年（二〇〇二）に設立されたNPO法人。「年次総会・研究大会」や「定例研究会」の開催をはじめ、〝地域の財産である社叢について詳しく調べ、その貴重性や現状を熟知し、保護し管理する〟ことができる「社叢インストラクター」の養成、各神社などでの「社叢調査」「社叢見守り隊」、東日本大震災等被災地での「社叢復興支援事業」など多岐に亙る活動をおこなっている。また平成十七年におこなわれた日本国際博覧会（「愛・地球博」「愛知万博」）に参加。会場の一画に「千年の森」を造成し、シンボルタワーであるバイオラングタワー頭頂部に「天空鎮守の森」を作ったほか、神宮式年遷宮についても発信するなど社叢の意義・意味を広く伝えた。

社叢学会では、全国の社叢を守り育てる活動を支える会員を広く募集している。入会者は定例研究会・総会開催時のシンポジウム・研究発表会への参加、社叢インストラクター養成講座の受講が可能。また会誌「社叢学研究」（年刊）、会報「鎮守の森だより」（隔月刊）が送付される。詳細は公式ウェブサイト（http://www.shasou.org/index.html）まで。また問合せは事務局（電話・〇七五―二一二―二九七三）まで。

設立趣意書

社叢は神社の森、すなわち「神々の森」である。当学会は鎮守の森を始めとする社寺林、塚の木立、ウタキなどについて、関連する諸学の垣根を取り払って調査研究を進め、地域に密着した新しい学問の創造と社叢の保存・開発をめざして設立されたものである。

かつて日本列島に住みついた人々が「神々の森」を創ったのは、厳しく、しかし美しいこの日本の自然を、ただ畏怖し、あるいは制御するだけでなく、積極的に共生しようと考えたからであった。そういう日本人の思想のシンボルとなり、かつ、行動の結節点となったものが、以後の社叢であり、そのなかには変わらぬ日本の自然が生き続けている。

そのありようは、今日の社叢についてもいえる。そこには、昔の植生、地域の動物、乱されない土壌を始め、神々の霊跡、遺跡、遺物、古建築、古植栽、古美術、古文書、史跡、名勝、天然記念物、さらにすぐれた景観、芸能、民俗行事、共同体組織、水利構造から村落配置、住民の生業や環境、文化の生成にいたるまで、有形、無形の多くの文化財が残されている。

そこで、この社叢を対象に、植物学、動物学、生態学、考古学、建築学、造園学、美学・美術史学、歴史学、民俗学、宗教学、農学、林学、水産学、法学、社会学、地理学、都市・国土計画学、土木工学、環境学、文化人類学等の諸学を結集してその解明を進めるならば、何百年、何千年にわたる日本人の変わらぬ思想や生活、環境、文化などを明らかにしうるとともに、今日、自らのアイデンティティを喪失しつつある多くの日本人に、自然を基軸とする日本文化にたいする深い自覚をうながし、大きな自信を与えることができる、また人々が社叢に関心をもつことによって、社叢の破壊をくいとめ、人々の生活環境に緑を恢復することができる、さらには地球環境の悪化に悩む世界の国々にたいしても、日本文明の発信のひとつとしての環境学的指針を提示することができる、と考えられる。

ロゴマーク

　社叢の一般的な構成を図式化。公道からの入り口に一の鳥居があり、参道を進むと社殿のある境内地に至る。入り口にはひときわ立派な鳥居。社殿をとりまく境内地は、ほとんどが植栽林で、時に神木・神苑・神池がある。境内地を囲む平地林は、原生林、または極相林となっており、しばしば禁足地にもなっている空間。さらにこれらの森を抱え込むのが山林で、そこは二次林または混合林となっている。

ＮＰＯ法人　社叢学会

〒604-8115

京都市中京区蛸薬師通堺町西入雁金町 373 番地　みよいビル 303 号

電話・ファクス 075-212-2973　　E-Mail　shasou@ams.odn.ne.jp

鎮守の森の過去・現在・未来

そこが知りたい社叢学

令和五年二月十七日　初版発行

編　者　NPO法人　社叢学会
〒六〇四―八一一五
京都府京都市中京区蛸薬師通堺町
西入雁金町三七三番地みよいビル
三〇三号
電話　〇七五―二一二―二九七三
http://www.shasou.org/

発行所　株式会社　神社新報社
〒一五一―〇〇五三
東京都渋谷区代々木一―一―二
電話　〇三―三三七九―八二一一
https://www.jinja.co.jp/

印刷所　三報社印刷株式会社

落丁・乱丁本はお取替へいたします
Printed in Japan
ISBN 978-4-908128-37-0　C0040